BEI GRIN MACHT SICH IHR WISSEN BEZAHLT

- Wir veröffentlichen Ihre Hausarbeit, Bachelor- und Masterarbeit

- Ihr eigenes eBook und Buch - weltweit in allen wichtigen Shops

- Verdienen Sie an jedem Verkauf

Jetzt bei www.GRIN.com hochladen und kostenlos publizieren

Michael Dienst

Tragflügelprofile für Transversalantriebe von Seefahrzeugen

Reihenuntersuchung zu BLB-Profilen

GRIN Verlag

Bibliografische Information der Deutschen Nationalbibliothek:

Die Deutsche Bibliothek verzeichnet diese Publikation in der Deutschen National-
bibliografie; detaillierte bibliografische Daten sind im Internet über http://dnb.d-
nb.de/ abrufbar.

Impressum:

Copyright © 2015 GRIN Verlag GmbH
Druck und Bindung: Books on Demand GmbH, Norderstedt Germany
ISBN: 978-3-656-87256-6

Dieses Buch bei GRIN:

http://www.grin.com/de/e-book/286884/tragfluegelprofile-fuer-transversalantriebe-
von-seefahrzeugen

TRAGFLÜGELPROFILE FÜR TRANSVERSALANTRIEBE VON SEEFAHRZEUGEN
Reihenuntersuchung zu BLB-Profilen

Michael Dienst, Berlin im Januar 2015 {midienst@bmoto.de}

ABSTRACT

Der Aufsatz fasst die Ergebnisse einer Reihenuntersuchung zu Strömungseigenschaften asymmetrischer Profilkonturen zusammen, wie sie bei der Konzeption und dem Entwurf moderner Transversalantriebe Verwendung finden mögen. Die Berechnungen werden mit potentialtheoretischen Verfahren durchgeführt. Diese sind bei Strömungsmechanikern zugegebenermaßen eher unbeliebt, was Fachkreise mit einer erheblichen Entfernung von der physikalischen Realität begründen. In der „Frühen Phase" der Systementwicklung sollten jedoch prognostizierende Berechnungswege zulässig sein, die eine genügend konsistente Wirklichkeit abbilden. Eine physikalische Wechselwirklichkeit. Eingedenk der nur geringen praktischen und so gut wie nicht existenten theoretischen Erfahrung zu Profilkonturen „muskelkraftgetriebener Transversalantriebe", werden nachfolgend die Ergebnisse einer vergleichenden Untersuchung dargestellt.

INTRO

Der Transversalantrieb ist derzeit nur für kleine muskelkraftgetriebene Seefahrzeuge von Bedeutung. Einen Transversalantrieb kann eine am Heck eines Bootes mit einem Paddel ausgeführte Zick-Zack-Bewegung durch das Kielwasser sein, die einen strömungs-dynamischen Lift in Richtung der Schiffsbewegung erzeugt. Um Kraft zu sparen stützt man das Paddel dabei am Spiegel des Schiffes ab. Das klingt zunächst einmal viel mühsamer und umständlicher, als es in Wirklichkeit ist. Insbesondere dann, wenn wir der Profilauswahl für die gestaltungsrelevanten Arbeitstragflächen dieser Antriebe eine besondere Aufmerksam-keit widmen; diese soll ja der Hauptgegenstand dieses Aufsatzes sein. Bevor ich an drei Beispielen erörtere, wo uns vielleicht artifizielle Transversalantriebe an realen Seefahr-zeugen begegnen, sei angemerkt, dass einerseits der Stand der Technik keine nennenswerten Beispiele maschinenbetriebener Transversalantriebe nennt, andererseits Erkenntnisse aus der Naturwissenschaft, vornehmlich aus der Biosystemanalyse kaum Hinweise darauf geben, ob und wie schwimmende, aquatische oder semiaquatische Wirbeltiere die häufig oder gelegentlich im Wasser leben, mit ihren Beinen und Füßen transversal paddeln (können) und dies sogar zu ihrer bevorzugten Antriebart entwickelt haben. Obwohl ich hinsichtlich des Auftauchens von Spekulationen zum Thema biologischer Transversalantriebe mittelfristig zuversichtlich bin ist festzustellen, dass artifizielle Transversalantriebe derzeit nicht im Fokus der maritimen Forschung und Entwicklung stehen. Daran besteht leider kein Zweifel. Aber man muss ja nicht alles gleich verwerfen, was andere für eine unnütze Sache halten. Unternehmen wir also einen ersten Annäherungsversuch an diese wenig geliebte Antriebsart.

PROPULSION

Die physikalische Wirksamkeit transversaler Schiffsantriebe steht außer Frage. So ist etwa das Pumpen und das Wriggen von Booten während einer Segel-Regatta verboten. Und ich füge hinzu: Es ist verboten, weil es so effizient ist!

Rule 42 of the ISAF Racing Rules of Sailing.

42.1 Basic Rul: *Except when permitted in rule 42.3 or 45, a boat shall compete by using only the wind and water to increase, maintain or decrease her speed. Her crew may adjust the trim of sails and hull, and perform other acts of seamanship, but shall not otherwise move their bodies to propel the boat.*

42.1 Grundregel. *Außer wenn es nach Regel 42.3 (oder Regel 45) erlaubt ist, darf ein Boot im Wettkampf nur Wind und Wasser nutzen, um seine Geschwindigkeit zu vergrößern, zu erhalten oder zu verringern. Seine Besatzung darf den Trimm von Segel und Bootskörper anpassen und andere seemännische Handlungen ausführen, aber sonst keine Körperbewegungen ausführen, um das Boot vorwärtszutreiben.*
42.2 VERBOTENE HANDLUNGEN. Die nachstehenden Handlungen sind verboten, ohne hierdurch die Gültigkeit der Regel 42.1 einzuschränken:
(a) Pumpen: Wiederholtes Bewegen eines Segels entweder durch Dichtholen und Fieren des Segels oder durch vertikale oder Querschiffs-Körperbewegungen;
(b) Schaukeln: Wiederholte Rollbewegungen, die entweder durch Körperbewegung oder durch Segel- oder Schwertverstellen herbeigeführt werden und nicht der Erleichterung beim Steuern dienen;
(c) Treiben: Schnelle, abrupt abgestoppte Körperbewegung nach vorn;
(d) Wriggen: Wiederholte Bewegungen des Ruders, die nicht zum Steuern erforderlich sind;
Näheres:
42–22 Wriggen ist nur erlaubt, wenn dies zum Steuern des Bootes notwendig ist, weil zur Zeit keine andere Steuermöglichkeit existiert und wenn durch das Wriggen ein klare Kursänderung des Bootes erfolgt.
42–23 Jedes mit dem ersten Wriggen verbundene weitere Wriggen zum Ausgleich der erzeugten Bewegung ist verboten.
42–24 Jedes Wriggen (zwei oder mehr Bewegungen des Ruders, auch kleine) das keine eindeutige Kursänderung bewirkt ist verboten.
42–25 Wiederholte Bewegungen des Ruders um eine Steuerbewegung zu stoppen, die durch den Trimm des Bootes, z.B. Backhalten des Segel verursacht wird, sind verboten.
42–26 Das Fortführen des Wriggens ist verboten, sowie die Segel voll stehen.

Nun gut, es geht also um das Wriggen. Und: die *Racing Rule RR42* beschreibt das Wriggen nur unter Anderem und auch nur auf eine ganz besondere Weise aus der Sicht des Seglers. Es handelt sich um das Wriggen mit dem Schiffsruder. Dieses gehört zur Bootsausstattung, ist beweglich am Heck des Schiffes als „Leit- und Steuertragfläche" angebracht, dient dem Manövrieren in Fahrt und wird, zumindest bei kleineren Booten, mit Muskelkraft von Hand betrieben. Regel 42 weckt in uns die Erwartung, dass offenbar durch das rhythmische Herumwackeln am Ruder eine vorteilhafte Strömung angefacht wird, die das Seefahrzeug als Ganzes vorantreibt.

TRANSVERSAL WIRKSAME SCHIFFSANTRIEBE

Formaldefinitorisch ist das Wriggen eine Fortbewegungstechnik für Seefahrzeuge durch das Hin- und Herbewegen eines in einem Fixpunkt beweglich gelagerten Paddels von Hand. Der Fixpunkt befindet sich am Heck (achtern) des Seefahrzeugs. Die Betriebsebene eines zum Wriggen geeigneten Paddels liegt transversal gegenüber dem Schiffskörper. Es gibt speziell für das Wriggen gestaltete Paddel. Wir betrachten das europäische Wriggpaddel und das asiatische Yuloh.

Das europäische Wriggpaddel ist der traditionelle Antrieb (mitunter speziell gestalteter) Wriggboote. Grundsätzlich können alle Bootsformen gewriggt werden. Die Betriebsebene eines des Wriggpaddels liegt transversal gegenüber dem Schiffskörper. Im Betrieb wird ein Wriggpaddel in ein Wriggloch (Fixpunkt) eingehängt oder beweglich in einer Dolle (auch Zepter) geführt und ist mit dieser reversibel verbunden. Das Wriggpaddel besitzt einen Schaft und eine Arbeitstragfläche, die nach Stand der Technik in integraler Bauweise ausgeführt sind. Im Betrieb wird das Paddel von Hand so hin und her bewegt, dass das Paddelblatt im Wasser eine „liegende Acht" beschreibt. Um einen günstigen Anstellwinkel einerseits zur Strömungsrichtung des Gewässers, andererseits relativ zur avisierten Bewegungsrichtung des Seefahrzeugs zu erreichen, wird dem Paddel im Umkehrpunkt eine von Hub zu Hub in der Richtung wechselnde Drehbewegung aufgeprägt. Die Technik des Wriggens ähnelt der Fortbewegungstechnik der venezianischen Gondeln, wobei hier das Paddel seitlich und nicht achteraus gerichtet ist. Wriggpaddel vom Stand der Technik sind üblicher Weise aus Holz oder Kunststoff gefertigt. Die Arbeitstragfläche des europäischen Wriggpaddels besitzt betriebsweisenbedingt ein bezüglich der Bewegungsrichtung axial- und bezüglich der Hauptachse zentralsymmetrisches Strömungsprofil.

Das asiatische Yuloh ist der tradierte Antrieb chinesischer Dschunken. Das Yuloh ist darüber hinaus im gesamten asiatischen Raum verbreitet (z.B. als Ro in Japan) und findet auch als Hilfsruder auf polynesischen Proas Anwendung, die derart ausgestattet seit über 5000 Jahren betrieben werden und Stand der Technik sind. In China wird das Yuloh erstmals in einer Schrift (Shi Ming) des Autors Liu Hsi, Han Dynastie (23-221 n.Chr.) erwähnt, gilt aber zu dieser Zeit schon als tradierter Antrieb auch größerer Boote. Die Betriebsebene eines Yulohs liegt transversal gegenüber dem Schiffskörpers. Grundsätzlich können alle Bootsformen mit einem Yuloh-Paddel angetrieben werden. Das Yuloh besitzt einen Schaft und eine Arbeits-tragfläche und wird als Integralkonstruktion aus einem Stück gefertigt; montierte Formen sind überliefert und ebenfalls Stand der Technik. Das Yuloh wird im Betrieb beweglich in einem Fixpunkt, ähnlich der Fixation eines europäischen Wriggpaddels im Dollpunkt, gelagert und ist mit diesem reversibel verbunden. Zusätzlich und im Unterschied zu einem europäischen Wriggpaddel besitzt das asiatische Yuloh-Paddel (1) bootsseitig eine weitere Führung und (2) ist der Schaft eines Yulohs im Fixpunkt leicht gekröpft. Zur Führung (1): Etwa auf der Höhe des Bediengriffes besitzt das Yuloh eine Abspannung (Seil) zu einem zweiten Fixpunkt am Deck des Bootes und bildet derart eine Fesselung im Sinne eines Zugmittel-systems aus. Zur Kröpfung (2): Der Schaft des Yulohs ist leicht bogenförmig (mit einer Krümmung von 8° bis 10°) ausgeführt, oder weist auf der Höhe des heckwärtigen Auflagers eine Kröpfung mit einem Winkel von um die 8° auf. Im Betrieb bewirkt die Seilführung (1) der Fesselung in gestalterischer Kombination mit der Krümmung des Schaftes bzw. der Kröpfung des Schaftes im Lagerpunkt (2), dass ein Yuloh vom Stand der Technik eine Hin- und Her- Bewegung ausführt, bei der sich autonom und ohne Zutun des Betreibers ein strömungsgünstiger Anstellwinkel des Paddelblattprofils einerseits zur Strömungsrichtung des Gewässers, andererseits relativ zur avisierten Bewegungsrichtung des Seefahrzeugs einstellt, ohne dass dem Paddel im Umkehrpunkt eine in der Richtung wechselnde Drehbewegung aufgeprägt werden muss. In Fahrt führt die Paddel-Arbeitstragfläche nun eine Art Wischbewegung durch das Wasser aus. Der durch die Bauweise bedingte dynamische Auftrieb des Arbeitstragflügels hält dabei durch eine Hebelwirkung das Zugmittelsystem unter Spannung, was zu einer sehr einfachen Bedienung führt. Die für Yulohs überlieferten Strömungsprofile der Arbeitstragflächen sind in der Regel symmetrisch. Nichtsymmetrische Strömungsprofile bilden die Ausnahme, sind aber Stand der Technik.

Wriggen ist eine Fortbewegungsweise vom Stand der Technik. In einer Dienstanweisung der schweizerischen Armee wird das Wriggen eindeutig beschrieben und in Graphiken durch einen betont kräftigen Mann dargestellt. Denn wriggen ist anstrengend. Deshalb lassen wir es am besten außeracht und beschäftigen uns lieber mit der asiatischen Variante, von der behauptet wird, sie könnte auch von Kinderhand wirkungsvoll betrieben werden. Tatsächlich sind Beschreibungen von Hafenszenen überliefert, nach denen ein vietnamesisches Groß-mütterchen mit einem ihr anvertrauten Enkelkind auf dem Rücken, eine wenigstens fünf Tonnen schwere Dschunke elegant wie mühelos mit einem Yuloh über einen Fluss pendelt. Das wollen wir gerne glauben. Allein, weil es so schön klingt. In den Museumssammlungen finden wir zahlreiche Modelle, Zeichnungen und Beschreibungen japanischer, vietname-sischer, chinesischer und auch afrikanischer Schiffe, die mit einem gefesselten Ruder ausgestattet sind. Von historischer, maritimer Technik ist ja bekannt, dass sie in aller Regel das Ergebnis oder zumindest der temporere Status eins hochselektiven Prozesses darstellt, denn gutes Schiffsdesign entscheidet und entschied zu allen Zeiten und anders als die Gestaltung von Bauten etwa oder Werkzeugen, über Leben und Tod. Maritim Untaugliches besaß ein nur beschränktes Heimkehrvermögen und schied aus dem Portfolio der heimischen Schiffbauerkunst aus.

PROFILE FÜR YULOHS AUS ÜBERLIEFERUNGEN

Staunend über die maritime Entwicklung der asiatischen Kulturgesellschaften, fasziniert von den japanischen Ro, den chinesischen Yulohs und dieserart angefixt entstand nun der Plan, den schweizer Muskelmann außerachtlassend, das Konzept für einen Funktionsimplikator zu erstellen. In einer klassischen Vorgehensweise sollten nun dem Konzept eines Technik- und Technologiedemonstrators eine Funktionshypothese auf der Basis einer archäologischen Analyse vorangeschaltet werden. Was natürlich auch einem ingenieurtechnisch und gestalterisch aufgestellten Wissenschaftsbetrieb angeraten sei zu praktizieren, aber an dieser Stelle nur laienhaft vollzogen werden könnte und deshalb lediglich im Anhang dieses Aufsatzes formale Erwähnung finden soll.
Auffällig allerdings und auch von einem archäologischen Laien wahrnehmbar ist die Unterschiedlichkeit der aus den Sammlungsmodellen und/oder zeichnerischen Über-lieferungen extrahierbaren Tragflächenprofile asiatischer Yulohs. Dabei handelt es sich – ganz entgegen der Erwartung, die sich aus der vermuteten Betriebsweise ergibt – keineswegs ausschließlich um asymmetrische Konturen.

Bei einem durch ein Yuloh angetriebenes Schiff in Fahrt, bewegt sich die Arbeitstragfläche des Paddels in einer Abfolge sichelförmiger Bahnen durch das bewegte Fluid, wie oben skizzenhaft dargestellt.

ABSCHÄTZUNG DES GESCHWINDIGKEITSBEREICHS

Hier soll nun von Interesse sein, welche Paddeltragflächengeometrie den Untersuchungen zu Grunde liegt, und in welchem Geschwindigkeitsbereich die Seefahrzeuge betrieben werden. Gegenstand der Untersuchung sind Seefahrzeuge der Größenordnung von 150 kg bis maximal 3 Tonnen Verdrängung:

Laserjolle	(Wasserlinienlänge: L_{Laser}	= 4.20 [m]) und einer
Fahrtenyacht	(Wasserlinienlänge: L_{SY}	= 10.0 [m]).

Die Tiefen der Paddelblattprofile t und die Eintauchhöhe H des Paddels sollen in den in den Größenbereichen variieren:

Tiefe des Paddelblattprofils:	0.1	< t [m]	< 0.2,
Eintauchhöhe des Blattes:	0.1	< H [m]	< 1.0,

Der Dollpunkt des Yulohs soll dabei nicht höher liegen als 1 [m] von der Wasserlinie entfernt, so dass die Drehpunktlänge DL des Paddels deutlich unter 3 [m] angesetzt werden darf. Die maximalen Kreis-Pendellängen des Yulohs werden dann unter 0.5·(Π·DL)= 4.7 [m] betragen. Die Abschätzung eines realistischen Bereichs der zu Grunde liegenden Reynoldszahlen führt über die theoretische Rumpfgeschwindigkeit eines sich in Verdrängerfahrt befindenden Schiffes, bzw. die

Wellenausbreitungsgeschwindigkeit: $\qquad c^2 \, [\text{m·s}^{-1}]^2 = g \, [\text{m·s}^{-2}] \cdot \lambda \, [\text{m}] / 2 \, \Pi \qquad$ (1)

Die Wasserlinienlänge des Schiffes determiniert die Wellenlänge $\lambda/2\Pi$, so dass für das schnellere der beiden Schiffe gilt:

$$c^2_{SY} \, [\text{m·s}^{-1}]^2 = 9.81 \, [\text{m·s}^{-2}] \cdot L_{SY,Wasserlinie} \, [\text{m}] = (98.1) \, [\text{m·s}^{-1}]^2$$

Die in Verdrängerfahrt theoretisch maximale Schiffsgeschwindigkeit ist dann $\quad c = 10 \, [\text{m·s}^{-1}]$ Ein Schiff in Fahrt verursacht aufgrund seines gegebenen Volumens und Gewichts eine Verdrängung des Fluids und damit eine Ausweichströmung um den Störkörper herum. In Fahrt herrscht nun eine nichthomogene Druckverteilung entlang der Schiffskontur (des Wasserpasses). Eine Druckminderung verursacht ein Wellental an der Störkörperkontur, eine Druckerhöhung entsprechend einen Wellenberg. Das von einem Schiff generierte Wellensystem besteht aus zwei überlagerten Komponenten, (1) den leicht gekrümmten Diagonalwellen, die unabhängig von der Geschwindigkeit unter einem Winkel von je 20° zur Fahrtrichtung auftreten und (2) den Querwellen rechtwinklig zum Kurs. Die Ausbreitungsgeschwindigkeit c der Welle ist bei genügend großen Wassertiefen eine Funktion der Wellenlänge λ. Die entscheidende Wellenlänge ist bei Schiffen die Lücke zwischen Bug und Heck, also die Wasserlinienlänge L = $\lambda/2\pi$. Die Froude-Zahl ist das Verhältnis der Geschwindigkeit des Schiffes v zur Ausbreitungs-geschwindigkeit c des von diesem erzeugten Wellensystems. Die maximale theoretische Rumpfgeschwindigkeit eines Schiffes in Verdrängerfahrt ist die Wellenausbreitungsgeschwindigkeit.

Die kritische Froude-Zahl von Fr_{krit} =0.35 soll den Geschwindigkeitsbereich, ausgedrückt über die Reynolds-Zahl, nach oben hin abgrenzen. Aus theoretischen und experimentellen Untersuchungen ist bekannt, dass für Froude-Zahlen $Fr > Fr_{krit}$ der Wellenwiderstand den Hauptanteil des Gesamtwiderstands des in Verdrängerfahrt bewegten Schiffes ausmacht und dieser exorbitant anwächst. Für eine erste Untersuchung der Paddelblattprofile soll die (maximale, vektorielle) Summe aus Paddelvorschubgeschwindigkeit und der maximalen theoretischen Rumpfgeschwindigkeit den oberen Geschwindigkeitsbereich markieren.

Das Yuloh-Paddel soll durchaus schnell bewegt werden dürfen und eingedenk des Schweizer Wriggpaddlers, wird bei einem vollständigen Hub eine Zeit von zwei Sekunden den physisch oberen Maximalwert markieren (f=0.5 [Hz]). Die Spitze des Yulohs legt dabei maximal den halben Umfang eines Kreises der (ebenfalls) maximalen Kreis-Pendellänge zurück, also 4.7 [m], wie oben großzügig abgeschätzt. Damit ermitteln wir die maximale Geschwindigkeit der Paddelspitze mit $v_{PADDEL} < 2.5$ [m·s^{-1}] (über Grund!). Die Geschwindigkeit v_{PADDEL} werden wir nun vektoriell mit der maximal auftretenden Rumpfgeschwindigkeit $v_{SY,THEORET}$ superponieren. Für Strömungsuntersuchungen ist es überdies vorteilhaft, lokale Geschwindigkeiten des Fluids mit der betreffenden Reynoldszahl auszudrücken.

Froude-Zahl	$Fr^2 = v^2 / c^2$	[-]	(2)
Reynolds-Zahl	$Re = v \cdot L / n$	[-]	(3)

Damit folgt für den betrachteten Geschwindigkeitsbereich der Fahrtenyacht, die durch ein Yuloh angetrieben werden kann ein maximaler Wert von:

$$v_{PADDEL} + v_{SY,THEORET.} = v_{max} = 2.5 \text{ [m·s}^{-1}] + Fr_{krit} \cdot (c^2_{SY} \text{ [m·s}^{-1}]^2)^{-0.5} = 6 \text{ [m·s}^{-1}].$$

Dies ist durchaus ein beachtlicher Wert. Das Strömungsgebaren beim Manövrieren kleiner Schiffe ist reichlich komplex und bedarf eigener, gesonderter Untersuchungen. In der Literatur werden Schiffsgeschwindigkeiten von maximal 2 kn angegeben, das entspräche einer Rumpfgeschwindigkeit von etwa v_R =1[m·s^{-1}]. Die Anströmgeschwindigkeit eines Arbeitsprofils beim Manövrieren kann diese Annahme jedoch empfindlich übersteigen.

Den Wert für die untere Schranke des Geschwindigkeitsbereichs schätzen wir ebenfalls nur ab. Die zu untersuchenden Bootsgeschwindigkeiten sollen bei unseren Betrachtungen nicht kleiner als v_{min} = 0.5 [m·s^{-1}] sein. Die Tiefe t des Paddelblattprofils repräsentiert die signifikante Länge L in der Formulierung der Reynolds-Zahl und variiert im Bereich von Profiltiefe: 0.1 < t [m] < 0.2 ; die kinematische Viskosität[1] des Mediums ist mit ν(Wasser) = 0,1012 · 10^{-6} [m^2·s^{-1}] als Tabellenwert gegeben (s.u.). Damit sind die minimalen und die maximalen errechneten Reynoldszahlen angegeben: Re_{unten} =0.05 · 10^6 [-] und Re_{oben}=11.8 · 10^6 [-]. Sie determinieren den Untersuchungsbereich mit den relevanten Geschwindigkeiten:

Geschwindigkeitsbereich: $1 \cdot 10^4 < Re < 1 \cdot 10^7$

Ziel dieser Reihenuntersuchung ist keineswegs die Ausgestaltung eines Yuloh für die exemplarisch genannten Bootstypen. Vielmehr sollen Tragflächenprofile in einem typischen Einsatzbereich hinsichtlich Auftriebs- und Widerstandsgebaren in Fahrt und beim Manövrieren miteinander vergleichbar werden. Ziel der Untersuchung ist die Abschätzung

---

der grundsätzlichen physikalischen Wirksamkeit jener Profilgeometrien, für die bislang keine Tabellenwerke oder Untersuchungsergebnisse Anderer zur Verfügung stehen.

PROFILANALYSE

*Als **Profil** bezeichnet man in der Strömungslehre die Form des Querschnitts eines Körpers in Strömungsrichtung. Durch die spezifische Form und die Umströmung durch eine Flüssigkeit oder ein Gas entstehen an diesen Körpern angreifende Kräfte. Speziell geformte Profile eignen sich besonders für die Erzeugung von dynamischem Auftrieb bei geringem Strömungswiderstand. Beispiele dafür sind das Profil von Vogelflügeln, von Tragflächen an Flugzeugen, Propeller von Schiffen oder Turbinenschaufeln. Da die Form des Profils großen Einfluss auf die Funktion hat, ist die Entwicklung und Charakterisierung von Profilen ein wichtiges Teilgebiet der Aerodynamik.*

Der Satz von KUTTA-JOUKOWSKY besagt: Wird eine ideale Parallelströmung mit einer ebenfalls idealen Zirkulation überlagert, wirkt auf eine Strömungskörper eine Kraft, die senkrecht zur Anströmrichtung gerichtet ist. Die Skizze zeigt eine Kreisumströmung (schematisch) als Superposition von Translations- und Zirkulationsströmung. Resultierende Querkraft in positiver y-Richtung. In Strömungsrichtung hingegen wird keine Kraft auf den Körper ausgeübt. Die Querkraft wirkt dabei in die Richtung, in der die beiden

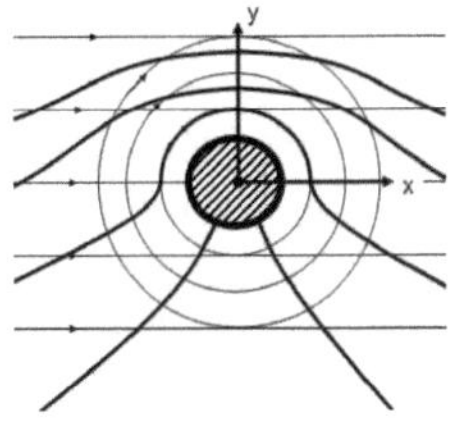

Strömungskomponenten gleichgerichtet verlaufen Ein ideales Fluid kann somit auf einen Körper keinen Widerstand, wohl aber eine Querkraft ausüben. Dies steht jedoch in einem Widerspruch zu den praktischen Erfahrungen in der Strömungsmechanik. Real Fluide üben sehr wohl einen Widerstand an einem durch sie bewegten Strömungskörper aus (Lagrange'sch Sichtweise) bzw. verursachen eine Kraft in Richtung der Strömungshauptrichtung, entgegengesetzt der Anströmrichtung (Euler'sche Sichtweise). Durch ein entsprechendes Design des Strömungskörpers, seiner Körperkontur (Schnitte) und seiner Ausrichtung bezüglich der Anströmung kann erreicht werden, dass die (Summe aller) Strömungswiderstände klein im Vergleich zu den der Strömung vertikal gerichteten Querkräften wird. Diese Querkraft resultiert in erster Linie aus den dynamischen Auftriebskräften am Strömungskörper. Nachfolgend sollen derartige Auftrieb (bzw. Querkraft) generierenden Strömungskörper Krafttragflächen oder Arbeitstragflächen bzw. einfach Tragflügel genannt werden.

Das Strömungsprofil bezeichnet die Form eines Strömungskörpers als eine Schnittdarstellung in Strömungsrichtung des umgebenden Fluids. Die Kontur eines Strömungsprofils bezeichnet die umhüllende Gestalt des Strömungskörpers. Besonders konturiert sind Strömungsprofile für Krafttragflächen und Arbeitstragflächen. Durch die spezifische Form von Kraft- und Arbeitstragflächen und durch die Umströmung des Fluids kommt es zu einem Wechselwirkungsgeschehen, das durch Energieaustausch gekennzeichnet ist.

Krafttragflächen sind fluidmechanisch wirksame Tragflügel die geeignet sind, dem bewegten umgebendem Fluid vornehmlich Energie zu entziehen. Beispiele sind die Repellertragflächen einer Windkraftanlage oder die Schaufeln einer Fließwasserkraftanlage.

Arbeitstragflächen sind fluidmechanisch wirksame Tragflügel die vornehmlich Energie in ein umgebendes Fluid einkoppeln. Beispiele sind die Leit- und Steuerflächen von Luft- und Seefahrzeugen, das Paddel eines Kanus oder Schaufeln von fluidmechanischen Antrieben. Für Kraft- und Arbeitstragflächen wird in der Regel eine mechanisch starre Form, ein deklaratorisch definiertes Profile und eine nichtflexible Kontur angestrebt. Die Profile von Kraft- und Arbeitstragflächen sind entweder definiert symmetrisch oder definiert asymmetrisch. Bei einfachen geometrischen Formen, etwa den Konturen von ebenen Plattenprofilen, bei Wölbplattenprofilen oder bei einfach gekröpften Knickplattenprofilen ist der Deklarations-aufwand gering. Eine geschlossene mathematische Beschreibung in Gestalt einfacher Formeln existiert. Bei manchen Profilformen und vor dem Hintergrund hoher Präzisionsansprüche an das Konstruieren, das Fertigen von Kraft- und Arbeitstragflächen und für das Messen oder die mathematische Handhabung von Konturen von Profilen von Kraft- und Arbeitstragflächen ist der Deklarationsaufwand, der auch die mathematischen Interpolationsmodelle betrifft, teilweise erheblich. Es ist üblich, Koordinaten der Konturen von Strömungsprofilen sowie die zugehörigen mathematischen Handhabungsmethoden in Datenbanken zu hegen (siehe auch: The Airfoil Investigation Database, [W-2] und UIUC Airfoil Coordinates Database [W-3]).

Geometrische Kriterien. In Validierung und Analyse von Tragflügelprofile tauchen einige Geometriegrößen bezeichnende Begriffe auf: Die Profiltiefe t bezeichnet die längste Linie von der Profilnase bis zur Profilhinterkante (Profilsehne). Die Skelettlinie ist die (Zentral-) Konstruktionslinie eines Profils. Auf der Skelettlinie aufgereihte Kreise könnten in ihren Loten das Profil generieren. Die Profilwölbung (f/t) bezeichnet die größte Abweichung der Skelettlinie von der Profilsehne. Die Wölbungsrücklage (xf/t) der Profilkontur bezeichnet den Abstand von der Profilnase, den der Punkt in maximaler Höhe der Skelettlinie hat. Die Profildicke (d/t) ist der größtmögliche Kreisdurchmesser auf der Skelettlinie und die Dickenrücklage (xd/t) bezeichnet den Abstand der größten Dicke über der Profilsehne von der Profilnase. Die Profilnase begrenzt die Profilkontur bugwärtig (Lead-In-Kontur), die Hinterkante begrenzt die Profilkontur heckwärtig (lead-Out-Kontur). Der Nasenradius (r/t) bezeichnet den Radius des Nasenkreises am Profilbug und der Hinterkantenwinkel (τ) ist der Winkel an der Hinterkante zwischen Profiloberseite und Profilunterseite der Profilkontur.

Querkrafterzeugung. Der räumliche dreidimensionale Tragflügel muss durch eine unsymmetrische Umströmung die zur Entstehung der Querkraft notwendige Zirkulation selbst erzeugen. Analog zur Kreisumströmung entsteht bei Tragflügelprofilen die dynamische Querkraft (Auftrieb) 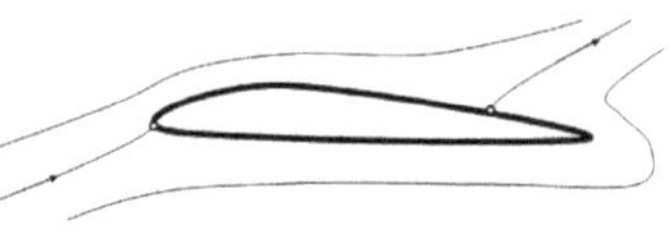 nur dann, wenn eine gleich große vertikale Impulsänderung erfolgt. Diese Impulsänderung wird erreicht, indem die Tragfläche (das Tragflächenprofil) Fluid (nach unten) ablenkt. Es ist üblich, den Strömungszustand um ein Strömungsbauteil über die Reynolds-Similarität zu beschreiben[2]. Als "klein" sollen Anströmgeschwindigkeiten und/oder geometrische

---

[2] Reynolds-ZahlRe = v $\cdot$ L / ν [-]
Stoffgrößen einiger Strömungsmedien

Stoff	dyn. Viskosität η	Dichte ρ	kin. Viskosität ν	Schallgeschw. a
[phys. Einheit]	[kg$\cdot$s$^{-1}\cdot$m^{-1}]	[kg$\cdot$m^{-3}]	[m$^2\cdot$s^{-1}]	[m$\cdot$s^{-1}]
Luft$_1$	18,1 $\cdot$ 10^{-6}	1,188	15,24 $\cdot$ 10^{-6}	343
Wasser$_2$	1,01 $\cdot$ 10^{-3}	0,998 $\cdot$ 10^3	0,1012 $\cdot$ 10^{-6}	1484
Öl$_3$	6,80 $\cdot$ 10^{-3}	0,858 $\cdot$ 10^3	7,93 $\cdot$ 10^{-6}	1340

Bauteilabmessungen gelten, die einen Bereich von Reynolds-Zahlen {Re<5000} determinieren. Gestaltungsstrategien zur Strömungskontrolle entlang der Kontur eines Profils in einem Bereich kleiner Reynolds-Zahlen können den Ort des Umschlagpunktes von laminarer in turbulente Strömung betreffen.

Das Tragflügelprofil muss so gestaltet und entsprechend "angestellt" sein, dass es aus der Anströmsituation eine für die Querkrafterzeugung notwendige Zirkulation erzeugen kann. In einer potentialtheoretischen Betrachtung werden zunächst zwei "Staupunkte identifiziert. Eine scharfe Profilhinterkante bewirkt, dass das <Tragflügelprofil von unten herkommend nach oben bis zum hinteren, auf der Profiloberseite liegenden Staupunkt umströmt werden muss. Diese Umströmung einer scharfen Hinterkante führt (theoretisch) zu einer plötzlichen Richtungsänderung der Geschwindigkeit; mathematisch gesehen eine (unendlich) große Beschleunigung der Strömung. Die (anfängliche) hintere Umströmung ist nicht stabil und kann dsher nicht lange bestehen. Dies hat zur Folge, dass die Strömung an der Hinterkante sehr rasch ablöst. Gleichzeitig bildet sich ein Wirbel durch das Aufrollen einer sich ablösenden Grenzschicht. Dieser sog. Anfahrwirbel schwimmt mit der Strömung nach hinten ab. Nach dem Satz von Thompson ist die Gesamtzirkulation im Gleichgewicht (Summe ist Null); dies hat zur Folge, dass sich um das Tragflügelprofil herum ein zweiter, entgegen gesetzt drehender Wirbel bildet. Dieser sog. gebundene Wirbel stellt die notwendige Zirkulation um den Tragflügel. Der gebundenen Wirbel entsteht somit aus der vom Profil verursachte unsymmetrische Umströmung, bei der das Fluid auf der Unterseite verzögert, und auf der Oberseite des Profils Beschleunigt wird.

Druckverteilung. Das gegenüber dem herrschenden Normaldruck relative Unterdruckgebiet auf der Profilkonturoberseite und das gegenüber dem herrschenden Normaldruck relative Überdruckgebiet auf der Profilkonturunterseite repräsentieren das Auftriebs- bzw. Querkraftgebaren des Tragflügelprofils. Dabei trägt relative Unterdruckgebiet auf der Profilkonturoberseite wesentlich (3/4) zur Gesamtquerkraft bei. Der Druckgradient korreliert nach der Energiegleichung mit der Geschwindigkeit (und deren Änderung) an der Profilkontur. Die Strömung hat grundsätzlich die Tendenz, der Profilkontur zu folgen. Direkt an der Profiloberfläche (Kontur) ist die Geschwindigkeit gleich Null. Sie wird größer mit zunehmenden Abstand von der Oberfläche, bis sie die Umgebungsgeschwindigkeit erreicht. Die Viskosität der Grenzschicht bedingt im realen Fluidströmungsfeld eine (vertikale) Scherung der Horizontalströmung. Durch diese Scherung hat das Fluid in der Grenzschicht eine Wirbelstärke. Die Viskosität des Fluids bedingt eine Dissipation von Strömungsenergie; diese Dämpfung bewirkt eine Homogenisierung der Wirbelstärke und einen Vergleichmäßigung der Geschwindigkeitsgradienten benachbarter Stromlinien. Mit ansteigendem Anstellwinkel wächst auf der Saugseite des Profils die Gefahr der Strömungsablösung. Den größten Einfluss auf die Eigenschaften des Profils haben:

- Profilwölbung,
- Wölbungsrücklage,
- maximale Profildicke,
- die Änderung der Profildicke entlang der Profilsehne,
- Nasenradius,
- Hinterkante (Form der Skelettlinie nahe der Hinterkante – gerade Skelettlinie oder aufwärts geschwungen; Winkel zwischen Ober- und Unterseite an der Hinterkante).
- Der Auftriebsanstieg hängt im normalen Anwendungsbereich linear vom Anstellwinkel ab. Die Steigung $\Delta Ca/\Delta\alpha$ beträgt für alle Profile etwa 0,11 pro Grad

- Der maximale Auftrieb wird von der Wölbung, dem Nasenradius und der Dicke bestimmt.

Grenzschicht-Kriterien. Die Grenzschichttheorie[3] beschäftigt sich mit Fluidbewegung bei sehr kleiner Reibung. Der Übergang von der laminaren (schichtenartigen, ruhigen) in die turbulente (unruhige, vermischende) Strömungsform stellt ein zentrales Problem der Strömungsmechanik dar. Diese Transition tritt bei Scherströmungen auf, also dann, wenn sich in einem Fluid die Geschwindigkeitskomponente quer zur Hauptgeschwindigkeitsrichtung stark ändert. An jedem um- oder durchströmten Körper bildet sich direkt an der Körperoberfläche eine Grenzschicht aus, innerhalb der sich die Geschwindigkeit des Fluids aufgrund Reibung an die Geschwindigkeit der Körperoberfläche angleicht. Diese Grenzschicht verursacht im laminaren Zustand einen erheblich geringeren Reibungswiderstand als im turbulenten Zustand. Sehr kleine Störungen mit Wellencharakter (die Tollmien-Schlichting Wellen) werden mit zunehmender Laufstrecke in der Grenzschicht verstärkt. Sie verursachen einen Übergang zur turbulenten Grenzschicht und damit einen höheren Widerstand. In der Grenzschicht eines fluiddynamisch wirksamen Körpers besitzt die Reibung Einfluss auf das Geschwindigkeitsprofil des Fluids. In der Regel ist die Strömung erst laminar (lat. lamina, „Platte"), dann turbulent; Verwirbelungen und Querströmungen herrschen vor. Die laminare Strömung ist eine Fluidbewegung, bei der keine sichtbaren Turbulenzen auftreten: Das Fluid strömt in Schichten, die sich nicht miteinander vermischen. alle Teile der Grenzschicht einer parallelen Strömung sind der Hauptströmung gleichgerichtet.

Die Laminare Unterschicht ist, abhängig vom Fluid, nur wenige Millimeter dick. Die Fluidströmung ist hier laminar. Erst in einer darüber liegenden Schicht ist die Strömung turbulent. Alle Vertikaltransporte von Impuls, Energie und Stoff erfolgen durch Molekularbewegungen (Geschwindigkeitsfluktuationen). Die kinetische Energie (Strömungs-energie) der turbulenten Schicht ist wesentlich größer als in der laminaren Schicht, mit der Folge, dass der Strömungswiderstand der turbulenten Grenzschicht größer ist (Newton'sches Reibungsgesetz). Die Umgebungsströmung nährt die turbulente Grenzschicht, d.h. aus der Außenströmung wird durch Impulsaustausch der turbulenten Grenz-schicht ständig Energie zugeführt. Dieser Energietransport ist dafür verantwortlich, dass der vertikale Geschwindigkeitsgradient sehr steil verläuft. Dies wiederum führt zu einer gewissen Robustheit der turbulenten Grenzschicht; sie ist unempfindlicher gegenüber einer Ablösung der Strömung. Die turbulente Grenzschicht überwindet (im Gegensatz zur laminaren Grenzschicht) deshalb ohne Ablösung einen bis zu dreifachen Druckanstieg an der Tragflächenprofilkontur. Die Laminare Unterschicht ist eine viskose Schicht in Wandnähe; sie unterliegt der turbulenten Grenzschicht. Die Ursache der laminaren Unterschicht wird mit Schwankungskomponenten der Geschwindigkeit in Wandnähe des Strömungskörpers erklärt, die superponierbar sind. Infolge Haftbedingung (an der Wand wird das Fluid durch Reibung zum Stillstand gebracht) Reflektionen (Wand), Dämpfung (Fluid) und der Superponierbarkeit der Strömungsanteile kommt es zu einer Homogenisierung und zur Ausbildung einer sehr dünnen, diskreten konturnahen Schicht. Deren Dicke beträgt nur 2% bis 5% der gesamten Grenzschicht aus laminarer Unterschicht und turbulenter Oberschicht.

---

[3] Ludwig Prandtl (* 4. Februar 1875 in Freising; † 15. August 1953 in Göttingen) war ein deutscher Physiker. Er lieferte bedeutende Beiträge zum grundlegenden Verständnis der Strömungsmechanik und entwickelte die Grenzschichttheorie und führte die Grenzschichttheorie im Jahr 1904 bei einem Vortrag auf dem Heidelberger Mathematiker-Kongress ein.

Je weiter ein Fluidteilchen (in der laminaren Unterschicht) von der Wand entfernt ist, desto höher ist dessen Geschwindigkeit. Von der Wand bis zur Grenze der Grenzschicht kann das Geschwindigkeitsprofil als quadratische Funktion angenähert werden.

Umschlagpunkt. Der Umschlag der laminaren Grenzschicht in eine turbulente Schicht (Transition zur Turbulenz) ist aus physikalischer Sicht ein Stabilitätsproblem. Die mathematische Beschreibung (Grenzschicht-Differentialgleichungen) des Umschlags der laminaren Grenzschicht in eine turbulente Schicht wird mit instabile Störungen, so genannten Tollmien-Schlichting(TS)-Wellen äußerster Komplexität in Verbindung gebracht, deren Physik bislang nicht vollständig beschrieben ist und die nur schwer beschreibbaren Zuständen der laminaren Unterschicht begründet. Aber es gibt experimentelle Lösungen.

In Strömungsversuchen taucht regelmäßig das Phänomen auf, dass der Umschlagpunkt der laminaren in die turbulente Grenzschicht (Transition zur Turbulenz) an der Stelle des Druckminimums der Außenströmung auftritt. Die Zustandsgrößen der Außenströmung ihrerseits können genügend genau mit einem potentialtheoretischen Berechnungsansatz ermittelt werden. Auf diese Weise werden die Umschlagpunkte an der unteren und an der oberen Profilkontur ansatzweise berechnet.

Unter- und Überkritische Strömung. Als unterkritische Profilumströmung wird die laminare Grenzschicht benannt. Überkritische Strömung herrscht, wenn der laminaren Strömung eine turbulente Strömung nachfolgt. Der Umschlag von einem unterkritischen Zustand in den Überkritischen Zustand erfolgt bei umso kleineren Geschwindigkeiten, je schlanker ein Strömungskörper ist. Die Korrelation zu den entsprechenden Reynoldszahlen ist in der Strömungsmechanik üblich. Große Reynoldszahlen: die Strömung ist turbulent, d. h. innerhalb der Grenzschicht können die Teile der Strömung bis hinab in den molekularen Bereich jede Richtung annehmen, ihre Dicke bleibt

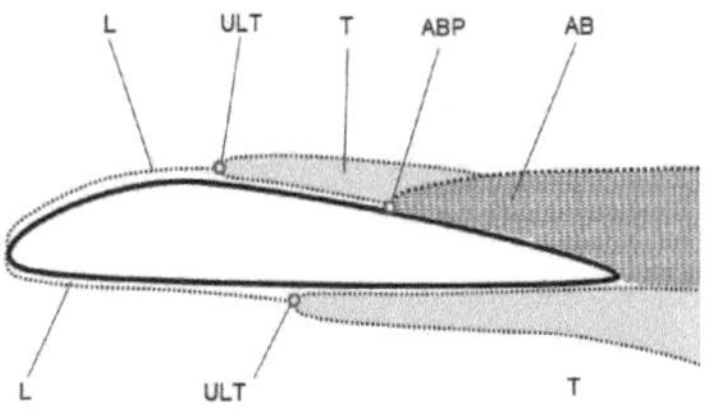

jedoch eng begrenzt. In der Hauptströmung bleibt die Geschwindigkeit konstant verteilt. Anschaulich gesprochen führt eine Konturverbreiterung zum lokalen Anlegen der Strömung an den Strömungskörper. Auf diese Weise kann eine Strömung über die Konturgeometrie über eine gewisse (aber nicht beliebig lange) Strecke der Tragflügelwand im Sinne einer Laminarisierung konditioniert werden. Dies ist (eins von mehreren) Gestaltungskonzepten für ein unterkritisches Laminarprofil. Bei scharfkantigen (gegebenenfalls schlanken) Strömungskörpern erfolgt der Umschlag von laminarer Strömung in turbulente Strömung direkt an der Strömungskörperspitze. Hier wird die Strömung schlagartig turbulent. Am dreidimensionalen Tragflügel kann es bei schräger Anströmung direkt an der Strömungskörperkante zu einer Ablösung kommen. Man unterscheidet zwischen dem Ort des Strömungsumschlags und dem Ort des Ablösezustands an einer Tragflügelprofilkontur.

Laminarblasen. Bei der Strömungsablösung entfernt sich die Grenzschicht von der Profilkontur bzw. der Tragflügelwand; es entsteht ein Wirbel-Rückströmgebiet. Der Strömungspfad durchläuft die Stationen: laminare Grenzschicht, Umschlagpunkt von laminarer in turbulente Strömung, turbulente Grenzschicht, Ablösepunkt und Ablösegebiet. Die Reihenfolge, nicht aber das Einhalten aller Stationen ist obligat. Das Strömungsgebiet das erscheint, wenn der Strömungsabriss aus dem Laminargebiet heraus erfolgt, wird laminare Ablösung genannt. Von einer laminaren Ablöseblase spricht man, wenn hinter einem

Ablösegebiet die Strömung wieder zum Anliegen an der Profilkontur kommt, wenn es dem Fluid gelingt, nach dem Umschlagen in den turbulenten Zustand genug Energie aus der Umgebung aufzunehmen, damit die die Strömung weiteren Konturänderungen folgen kann. Laminarblasen sind instabil, hochdynamisch und nichtkontrollierbar.

Einfache Grenzschichtmodelle. In der vorliegenden Untersuchung wird ein potentialtheoretisches Verfahren zur Profilanalyse verwendet, das um einem einfachen Ansatz von Eppler [Eppl-75] zur quantitativen Beschreibung der Wechselwirkungsvorgänge in der Grenzschicht der Profilkontur erweitert wurde [Hepperle]. Das integrale Verfahren Epplers basiert auf Differential-

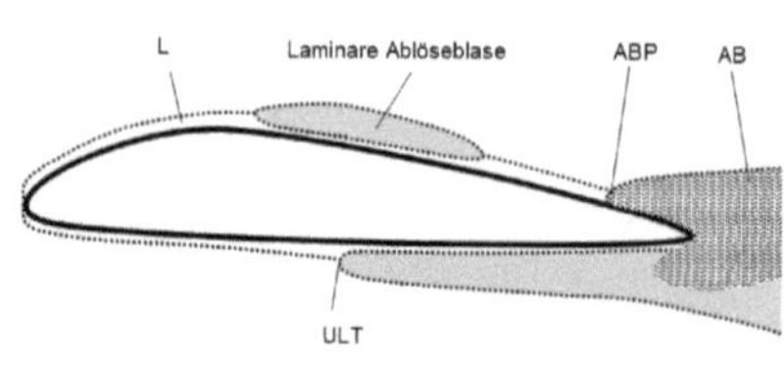

gleichungen die das Anwachsen der Grenzschicht in Abhängigkeit der lokalen Strömungsgeschwindigkeit in Konturnähe. Während für laminare Grenzschichten genügend genaue analytische Beziehungen verfügbar sind, muss um den turbulenten Teil zu modellieren auf Vereinfachungen und empirische Korrelationen zurückgegriffen werden.

Transition. Die Methoden, den Übergang von der laminaren zur turbulenten Grenzschicht zu modellieren basieren auf den Arbeiten Prandtls zur Grenzschichttheorie. Die lokalen Parameter der Grenzschicht sind das Ergebnis einer Integration, beginnend mit dem Staupunkt der Profilkontur. Auch die modernen numerischen Methoden zur Untersuchung der Stabilität einer Grenzschicht verwenden empirische Beziehungen, die in erster Linie aus Experimenten abgeleitet wurden. Auch die Wirkung der Oberflächenbeschaffenheit auf Transition und Widerstand ist äußerst komplex und selbst heute noch nicht vollständig verstanden. Man weiß, dass eine raue Oberfläche die laminare Strömung destabilisiert, was zu einem vorzeitigen Übergang von der laminaren zur turbulenten Unterschichtströmung führt. Laminare und turbulente Strömung auf rauen Oberflächen erzeugen einen höheren Reibungswiderstand. Um die Koordinaten der Kontur vorherzusagen, an denen der Übergang von der laminaren zur turbulenten Grenzschicht erfolgt, werden in einfachen Modellen (Eppler) bestimmte Kriterien auf die lokalen Strömungsgrößen angewandt. Transition taucht auf, wenn eine bestimmte lokale Strömungsgeschwindigkeit überschritten wird: Eppler-Modell[4]: $Re_{\delta 2} > e^{\,18{,}4\,H_{\delta 2}\, -\, 21.74\, -\, 0.36\,k}$

δ_2 bedeutet die Impulsverlustdicke (momentum loss thickness) die mit einer empirischen Beziehung aus der lokalen Strömungsgeschwindigkeit (Re_x) an der Stelle x der Kontur ermittelt wird:

Impulsverlustdicke:	$\delta_2\,[m]$	$= 5{,}0 \cdot (\,Re_x\,)^{-1/2} \sim x^{1/2}$
Lokale Reynolds-Zahl	Re_x	$= v_\infty \cdot x_c / v$
Achsenlänge (chord)	x_c	

Aktive Strömungskontrolle ist nicht Gegenstand dieser Profilvalidierung. Dennoch ist der kontrollierte Strömungsabriss eine der rezenten Herausforderungen bei der Entwicklung technischer Leit- und Steuerflächen. In Forschung und Entwicklung wird intensiv daran gearbeitet, den laminar-turbulenten Übergang (Transition zur Turbulenz) an Leit- und Steuerflächen zu größeren Flügeltiefen zu verlagern, um den Reibungswiderstand zu

---

[4] Angabe der Rauhigkeit k in [m]

verringern. Um die Strömungsablösung am Tragflügel zu verhindern, werden bereits vielfach Wirbelgeneratoren, so genannte Turbulatoren verwendet. Auch biologische Strukturen zur Strömungsbeeinflussung rücken immer mehr in das Interesse der Ingenieure. So besitzt das von der Geometrie einer technischen Profilkontur erheblich abweichende Profil des Libellen-flügels (Zick-Zack-Profilierung) erstaunlich gute fluidmechanische Eigenschaften. Ein weiteres Verfahren der (aktiven) Strömungskontrolle zur Widerstandsminderung besteht in der möglichst langen Laminarhaltung der Umströmung durch die Dämpfung instabiler Störungen. Tollmien-Schlichting(TS)-Wellen sind derartige instabile Störungen, die (aufgrund ihrer Superponierbarkeit) gezielt ausgelöscht werden können, wenn durch eine geeignete Aktuatorik eine produktive Gegenwelle erzeugt wird (direkte Dämpfung). Ein weiterer Mechanismus zur Dämpfung von TS-Wellen ist die Verwendung nachgiebiger Oberflächen. Die Interaktion von Fluid und Körperwand kann hierbei zur Dämpfung der instabilen Störungen führen. Inspiriert ist dieser passive Mechanismus durch die biologische Delfinhaut. Die Frequenz dieser TS-Störwellen hängt vom Fluid und der Strömungs-geschwindigkeit ab und beträgt typischerweise $10E^2$ Hz bis $10E^3$ Hz.

ALLGEMEINE GRÖSSEN UND KENNWERTE

Größe	Symbol	Einheit	Dimension
Leistung	P	[Nm s^{-1}], [kg m^2 s^{-3}], [W],	$M \bullet L^2 \bullet T^{-3}$
Energie	E	[Nm], [kg m^2 s^{-2}], [J],	$M \bullet L^2 \bullet T^{-2}$
Volumenelement	(dx dy dz)	[m^3],	L^3
Fläche	A_{yz}	[m^2],	L^2
Geschwindigkeit	v_x	[m s^{-1}],	$L \bullet T^{-1}$
Dichte (Fluid)	ρ	[kg m^{-3}],	$M \bullet L^{-3}$

BIBLIOGRAPHIE

[Abbo-59]   Ira H. Abbott, Albert E. von Doenhoff: Theory of Wing Sections: Including a Summary of Airfoil Data. Dover Publications, New York 1959,

[Eppl-90]   Richard Eppler: Airfoil Design and Data. Springer, Berlin, New York 1990,

[Gorr-17]   Edgar Gorrell, S. Martin: Aerofoils and Aerofoil Structural Combinations. In: NACA Technical Report. Nr. 18, 1917.

[Katz-01]   Joseph Katz, Allen Plotkin: Low-Speed Aerodynamics (Cambridge Aerospace Series) Cambridge University Press; 2 edition (February 5, 2001)

[Mial-05]   B. Mialon, M. Hepperle: "Flying Wing Aerodynamics Studies at ONERA and DLR", CEAS/KATnet Conference on Key Aerodynamic Technologies, 20.-22. Juni 2005, Bremen.

[W-1]   http://de.wikipedia.org/wiki/Profil (abgerufen 11032013)

[W-2]   The Airfoil Investigation Database, http://www.worldofkrauss.com/foils/578 (abgerufen 11032013)

[W-3]   UIUC Airfoil Coordinates Database, (abgerufen 11032013) http://www.ae.illinois.edu/m-selig/ads/coord_database.html

PROFILSPEZIFIKATION UND BERECHNUNGSBLÄTTER

Es werden potentialtheoretische Untersuchungen zu den synthetischen Profilkonturen der BLB-Serie durchgeführt. Das BLB-Profil ist ein fluidmechanisch wirksames, zentralsymmetrisches Strömungsprofil, dessen Kontur mit geringen deklaratorischen Mitteln beschreiben werden kann. Der Deklaration liegt die Idee eines Strömungsprofils zu Grunde, das allein durch das geometrische Element Ellipse beschrieben und durch lediglich zwei Parameter eindeutig definiert ist. Das Strömungsprofil ist für Kraft- und Arbeitstrag-flächen geeignet. Ausprägungen und Varianten des fluidmechanisch wirksamen Strömungsprofils können in Serien systematisiert und geordnet werden. Es kann skaliert und parametrisiert werden derart, dass es für Strömungsbedingungen fluidmechanisch wirksam und geeignet ist, die durch kleine Anströmgeschwindigkeiten und kleine geometrische Bauteilabmessungen gekennzeichnet sind. Das bevorzugte Anwendungsgebiet sind Transversalpaddel.

Das BLB-Profil ist ein fluidmechanisch wirksames, in lateraler Achse (Achse der Bewegungsrichtung) nichtsymmetrischen, jedoch wechselseitig beaufschlagbares zentralsymmetrischen Strömungsprofil, dessen Kontur durch das geometrischen Element Ellipse beschrieben und durch zwei Parameter [p1][p2] vollständig und eindeutig definiert ist, wie folgt:
"BLB [p1][p2]".

Das Profil ergibt sich aus der Überlagerung zweier zentralsymmetrischer Halbellipsen und bildet ein in Hauptströmungsrichtung asymmetrisches Strömungsprofil aus.

Die zentralsymmetrischen Halbellipsen besitzen eine Dicke, entsprechend der Summe des halben Durchmessers des Konstruktionskreises D der oberen Halbellipse und des halben Durchmessers des Konstruktionskreises d der unteren Halbellipse.

Profilspezifikation BLB[d/t][D/t]

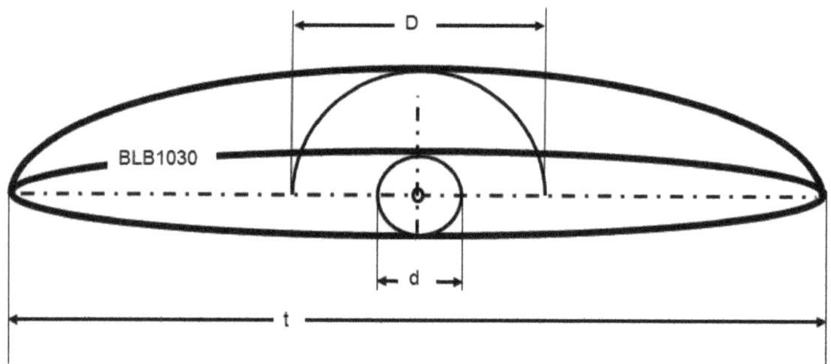

Mit dem Parameter p1 sei der spezifische, auf die Profiltiefe t der Arbeitstragfläche bezogene, Durchmesser d/t des Konstruktionskreises der unteren Halbellipse benannt. Mit dem Parameter p2 sei der spezifische, auf die Profiltiefe t der Arbeitstragfläche bezogene, Durchmesser D/t des Konstruktionskreises der oberen Halbellipse benannt. Die Kontur des zentralsymmetrischen Profils entsteht, indem die obere und die untere Halbellipse eine gemeinsame Kontur bilden. **Das Strömungsprofil "BLB[d/t][D/t]"** ist für Kraft- und

Arbeitstragflächen, insbesondere für Profile von Paddelblättern geeignet. Die Graphiken betreffen berechnete Werte unterschiedlicher BLB-Profile.

- Profilgraphik
- Polardiagramm der Auftriebs- und Widerstandsbeiwerte über den Anstellwinkel bei unterschiedlichen Reynoldszahlen für das Medium Wasser.
- Auftriebs- und Widerstandsbeiwerte.
- Stall: Transition und Separation auf der Tragflächenoberseite (Stallseite) über den Anstellwinkel bei def. Reynoldszahlen für das Medium Wasser.

Die zu untersuchenden Geschwindigkeiten sollen bei unseren Betrachtungen nicht kleiner als v_{min} = 0.5 [m·s^{-1}] sein. Die Tiefe T des Tragflügels repräsentiert die signifikante Länge L in der Formulierung der Reynolds-Zahl und variiert im Bereich von {0.1[m]<T<0.2[m]}; die kinematische Viskosität[5] des Mediums ist mit n(Wasser) = 0,1012·10^{-6} [m^2·s^{-1}] als Tabellenwert gegeben. Damit sind die minimalen und die maximalen errechneten Reynoldszahlen angegeben mit den Zahlenwerten Re_{unten} = 49.407 und Re_{oben} = 975.296; sie determinieren einen Untersuchungsbereich der relevanten Geschwindigkeiten von: $5·10^4$ <Re< $1·10^6$ und d einer Schallgeschwindigkeit c_{SW} = 1484 [m·s^{-1}].

<u>Symbolik, abgeleitete Größen und Kennwerte in der Profilanalyse</u>

Tragflügellänge	b	[m]	
Profiltiefe (chord length, c)	t	[m]	
generalisierte x-Koordinate	x/l	[%]	
generalisierte y-Koordinate	y/l	[%]	
generalisierte (Kontur-) Geschwindigkeit	v/V	[%]	
Profildicke	d/t	[%]	
Profilwölbung	f/t	[%]	
Wölbungsrücklage	xf/t	[%]	
Nasenradius	r/t	[%]	
Hinterkantenwinkel	τ	[°]	
überströmte Fläche des Flügels	A	[m^2]	A = b · t
Seitenverhältnis (Flügel)	λ	[-]	λ = A/b^2
Auftriebsbeiwert (LIFT-Koeffizient)	C_L	[-]	
Widerstandsbeiwert (DRAG-Koeffizient)	C_d	[-]	
Momentenbeiwert MOMENT-Koeffizient)	C_m	[-]	
Druckbeiwert (pressure coefficient)	C_p	[-]	
kritischer Druckbeiwert [6]	C_p*	[-]	
Reibungsbeiwert (local friction coefficient)	C_f	[-]	
Gleitzahl	G	[-]	G = (C_L / C_d)
Geschwindigkeit in [m/s],	v, w	[ms^{-1}]	
Schallgeschwindigkeit (speed of sound)	a	[ms^{-1}]	

---

[5] Stoffgrößen einiger Strömungsmedien

Stoff	dyn. Viskosität η	Dichte ρ kin.	Viskosität ν	Schallgeschw. a
[phys. Einheit]	[kg·s^{-1}·m^{-1}]	[kg·m^{-3}]	[m^2·s^{-1}]	[m·s^{-1}]
Luft$_1$	18,1 · 10^{-6}	1,188	15,24 · 10^{-6}	343
Wasser$_2$	1,01 · 10^{-3}	0,998 · 10^3	0,1012 · 10^{-6}	1484
Öl$_3$	6,80 · 10^{-3}	0,858 · 10^3	7,93 · 10^{-6}	1340
Gelatine$_4$	3,7 · 10^{-3}	0,8 · 10^3	4,625 · 10^{-6}	k. A.

[6] kritischer Druckbeiwert [6] (critical pressure coefficient ind. supersonic flow) C_p*

Auftrieb, Querkraft, Lift		L	[N]	$L = c_a \cdot A \cdot v^2 \cdot \rho/2$
Formwiderstand		W_F	[N]	$W_F = c_w \cdot A \cdot v^2 \cdot \rho/2$
Reibungswiderstand		W_R	[N]	$W_R = c_r \cdot A \cdot v^2 \cdot \rho/2$
induzierter Widerstand		W_I	[N]	$W_I = c_I \cdot A \cdot v^2 \cdot \rho/2$
Beiwert glatte Oberfläche, laminar		c_r	[-]	$c_r = 1{,}327 \cdot (Re)^{-1/2}$
Beiwert glatte Oberfläche, turbulent		c_r	[-]	$c_r = 0{,}074 \cdot (Re)^{-1/5}$
Beiwert rauhe Oberfläche, turbulent[7]		c_r	[-]	$c_r = 0{,}418 \cdot (2+\lg(t/k))^{-2{,}53}$
Beiwert des induzierten Widerstands[8]		c_I	[-]	$c_I = \lambda\, c_a^2 / P$
Liftleistung		P_L	[W]	$P_L = L \cdot v$
Widerstandsleistung		P_{WI}	[W]	$P_{WI} = (W_F\ W_R\ W_I) \cdot v$
Konturposition		x	[m]	
Lokale Reynolds-Zahl		Re_X	[-]	$Re_X = Re\delta\_2 = v_\infty \cdot x / \mathbf{n}$
Verdrängungsdicke, Grenzschichtdicke[9]		δ_1	[m]	
Grenzschichtdicke (laminar)[10]	$\delta_2=$	δ_{LAM}	[m]	$\delta_{LAM} = 5{,}0 \cdot (Re_X)^{-1/2} \sim x^{1/2}$
Grenzschichtdicke (turbulent)[11]	$\delta_3=$	$\delta_{TURB.}$	[m]	$\delta_{TURB} = k(x) \cdot (Re_X)^{-1/2} \sim x^{0.8}$
Konturbeiwert (shape factor12)		H_{12}	[-]	$H_{12} = \delta_1/\delta_2$
Konturbeiwert (shape factor32)		H_{32}	[-]	$H_{32} = \delta_3/\delta_2$

T.L. oder ULT_{LOWER}	Umschlagpunkt, Transition: laminar-turbulent, lower surface
T.U. oder ULT_{UPPER}	Umschlagpunkt, Transition: laminar-turbulent, upper surface
S.L. oder ABP_{LOWER}	Ablösepunkt, Separation, lower surface
S.U. oder ABP_{UPPER}	Ablösepunkt, Separation, upper surface

Es folgen nun die Ergebnisse potentialtheoretischer Untersuchungen unterschiedlicher BLB-Profile, die nach einer ersten Annahme für moderne Yuloh-Arbeitstragflächen geeignet scheinen. Nach meinen Erfahrungen in den vergangenen Jahren mit anderen sinnfälligen Profilformen machte ich mir wenig Hoffnung darauf gemessene Referenzwerte für BLB-Profile zu recherchieren. Gewiss sind potentialtheoretische Untersuchungen zu Profilkonturen nur ein erster Hub und zu gegebener Zeit sollten Berechnungskampagnen mit CFD-Lösern an diese Voruntersuchungen anschließen. Mit der stufenweisen Variation der Parameter p1 und p2, dem spezifischen, auf die Profiltiefe t der Arbeitstragfläche bezogenen, Durchmesser d/t des Konstruktionskreises der unteren Halbellipse und dem spezifischen, auf die Profiltiefe t der Arbeitstragfläche bezogenen Durchmesser D/t des Konstruktionskreises der oberen Halbellipse spannt sich folgende Geometrievariation auf:

---

[7] Angabe der Rauhigkeit k in [m]. z.B. gilt als glatt: $k = 0{,}001$ [mm] $= 10^{-3}$ [mm] $= 10^{-6}$ [m].

[8] gemäß elliptischer Auftriebsverteilung nach Prandtl

[9] Grenzschichtdicke (displacement thickness) δ_1

[10] auch ImpulsverlustDicke (momentum loss thickness)

[11] Dicke der turbulenten Grenzschicht (ebene Platte) $\delta_{TURB.} = k(x)(Re_X)^{-1/2}$. Der empirische Faktor k entspricht der Ordinate k=y(x), im Falle der ebenen Platte. Auch EnergieDickenbeiwert

$c_{L,MAX}$ [-] bei $\alpha_{ANSTELL}$ [°]		Konstruktionskreis D/t [%]					
		20	30	40	50	60	70
Konstruktionskreis d/t [%]	03	1,99 12	2,56 16				
	05		2,51 16	3,18 20	3,76 20	4,19 20	
	10		2,47 16	3,14 20	3,75 20	4,16 20	4,53 20
	20					4,58 24	5,12 24

Die Tabelle zeigt berechnete Werte des maximalen Auftriebskoeffizenten C_L der Profilkontur, und bei welchem Anströmwinkel α dieser dimensionslose Beiwert berechnet wurde. Ich stelle diese Tabelle den Graphiken der Berechnungskampagne voran, um die Aufmerksamkeit des geneigten Lesers auf diese schier unglaublichen (theoretischen) Leistungsmerkmale der BLB-Profile zu lenken mit dem Ziel, diese gegebenenfalls durch eigene Untersuchungen zu verifizieren. Betrachten Sie diese Berechnungsergebnisse als eine Art Prognose der physikalischen Wirksamkeit dieser, für einen Bootsbauer merkwürdig anmutenden, Profilformen. In der Baupraxis mühelos machbar ist ein Yuloh-Arbeitsprofil vom Typ BLB 0550. Es stellt aus meiner Sicht einen guten Kompromiss von strukturellem Aufwand und Leistungsfähigkeit dar. Natürlich wird der sehr hohe Auftriebsbeiwert von $C_L > 3.5$ mit einem nicht unerheblichen Widerstand $C_W > 0,1$ erkauft. Aber man stelle sich vor: mit dieser Arbeitstragfläche werden Vortriebskräfte in beide Betriebsrichtungen, also im Vorwärts- und im Rückwärtsbetrieb erzielt. Bei einem Anstellwinkel von $\alpha = 20$[°] befindet sich das Profil schon vollständig im turbulenten Betriebszustand (Transition an der Profiloberseite). Betrachten Sie hierzu bitte die Graphik der Auftriebs- und Widerstandskoeffizienten in Abhängigkeit vom Anstellwinkel. Trotz der der für einen Bootsbauer sicherlich gewöhnungsbedürftigen Profilform reißt die Strömung erst bei 90% der überströmten Profiltiefe ab. Auch dies ist eine bemerkenswerte Prognose. Betrachten Sie hierzu bitte die Graphik der Transition T und der Separation S an der Profiloberseite.

NUMERISCHE MODELLE

Die im Text angesprochene computerunterstützte Strömungsmechanik (computational fluid dynamics, numerische Strömungsmechanik, CFD) zielt darauf, strömungsmechanische Probleme approximativ mit numerischen Methoden zu lösen. Die benutzten Modellgleichungen sind meist die Navier- Stokes- Gleichungen, Euler- oder Potentialgleichungen. Die Idee der CFD ist es, komplexe Fragestellungen der Strömungsmechanik zu bearbeiten, deren Lösungen sehr schnell zu nichtlinearen Problemen führen und nur in Spezialfällen exakt lösbar sind. Verbreitete Lösungsmethoden der CFD sind die Finite- Differenzen-Methode (FDM), die Finite Volumen- (FVM) und die Finite Elemente- Methode (FEM).

Der in diesem Aufsatz für die Strömungsberechnung verwendete Potential-Code gehört zu einer Schar frei verfügbarer Strömungssimulationsprogramme, die nach der Potentialtheorie arbeiten. Potentiallöser stellen einen sehr effektiven Code zur Simulation von

Außenströmungen dar (XFOIL[12], FS-Flow[13], Javafoil[14]), arbeiten nach der Potentialtheorie und sind auf der numerischen Ebene so genannte Panel-Codes, die für reibungs- und rotationsfreie Strömungsprobleme angewandt werden. In der Regel verfügen auch Potentiallöser über ein Reibungs- und Turbulenzmodell, wie oben im Text beschrieben (z.B. Eppler-Modell). Mit einem Potentiallöser werden die Berechnungszeiten für das Strömungsgebiet extrem (Faktor 1/1000 im Vergleich zu tradierten CFD-Methoden) verkürzt. Potentialcode ist besonders geeignet für die Untersuchungen komplexer Qualitätsland-schaften von Strömungsphänomenen, bei denen in möglichst kurzer Zeit eine Vielzahl von Berechnungsiterationen erforderlich sind. In der hiesigen Untersuchung wird der Potentiallöser als Prognose-instrument in der frühen Phase der Systementwicklung verwendet.

BERECHNUNGSKAMPAGNE

Es werden BLB-Profile Geometrievariationen durch- und einer potentialtheoretischen Berechnung zugeführt. Mit der stufenweisen Variation der Parameter p1 und p2, dem spezifischen, auf die Profiltiefe t der Arbeitstragfläche bezogenen Durchmesser d/t des Konstruktionskreises der unteren Halbellipse und dem spezifischen, auf die Profiltiefe t der Arbeitstragfläche bezogenen Durchmesser D/t des Konstruktionskreises der oberen Halbellipse ergibt sich eine konsistente Berechnungskampagne ausgewählter Profile.

Geometrie-Variation		D/t [%]					
		20	30	40	50	60	70
d/t [%]	03	BLB0320	BLB0330				
	05		BLB0530	BLB0540	BLB0550	BLB0560	
	10		BLB1030	BLB1040	BLB1050	BLB1060	BLB1070
	20					BLB2060	BLB2070

---

[12] XFOIL is an interactive program for the design and analysis of subsonic isolated airfoils.
[13] FS-Flow ist ein universaler Potentialcode nach dem Panelverfahren der Firma FutureShip GmbH in Potsdam.
[14] MH *JavaFoil. JavaFoil* is a free program that enables you to perform airfoil analysis.

Profilkontur BLB 1030, Medium Wasser bei 20[°C], Re: 10E6

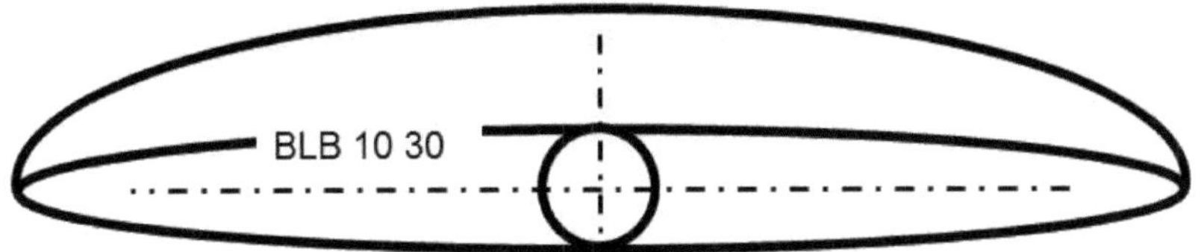

α	Cl	Cd	Cm 0,25	T.U.	T.L.	S.U.	S.L.	L/D	A.C.	C.P.
[°]	[-]	[-]	[-]	[-]	[-]	[-]	[-]	[-]	[-]	[-]
-40,0	-0,649	0,34656	0,159	0,954	0,007	0,991	0,041	-1,872	-0,012	0,495
-36,0	-0,721	0,29208	0,140	0,949	0,008	0,991	0,040	-2,468	-0,057	0,444
-32,0	-0,788	0,24128	0,116	0,947	0,009	0,990	0,037	-3,266	-0,208	0,398
-28,0	-0,833	0,20075	0,089	0,930	0,007	0,990	0,038	-4,152	-1,156	0,356
-24,0	-0,830	0,14621	0,057	0,923	0,009	0,990	0,045	-5,676	0,995	0,319
-20,0	-0,745	0,10865	0,023	0,900	0,009	0,989	0,063	-6,861	0,512	0,281
-16,0	-0,554	0,08365	-0,015	0,485	0,008	0,989	0,082	-6,622	31,967	0,223
-12,0	-0,741	0,02017	-0,111	0,465	0,010	0,989	0,991	-36,753	0,673	0,100
-8,0	-0,264	0,01690	-0,138	0,365	0,010	0,988	0,993	-15,603	0,305	-0,272
-4,0	0,241	0,01842	-0,165	0,262	0,021	0,987	0,993	13,092	0,304	0,935
-0,0	0,772	0,01782	-0,194	0,141	0,145	0,987	0,993	43,313	0,307	0,501
4,0	1,253	0,02346	-0,223	0,065	0,323	0,986	0,993	53,399	0,310	0,428
8,0	1,743	0,02851	-0,252	0,033	0,477	0,981	0,994	61,115	0,313	0,395
12,0	2,183	0,03737	-0,281	0,013	0,591	0,975	0,993	58,430	0,329	0,379
16,0	2,506	0,05061	-0,312	0,008	0,739	0,958	0,994	49,519	0,479	0,375
20,0	2,534	0,07580	-0,362	0,003	0,982	0,854	0,992	33,434	-0,137	0,393
24,0	2,121	0,15150	-0,461	0,001	0,981	0,368	0,992	13,998	0,028	0,468
28,0	1,910	0,22296	-0,501	0,001	0,982	0,197	0,992	8,566	0,090	0,512
32,0	1,683	0,29787	-0,531	0,000	0,984	0,143	0,992	5,650	0,131	0,566
36,0	1,437	0,39395	-0,557	0,000	0,985	0,098	0,992	3,647	0,153	0,637
40,0	1,195	0,51069	-0,578	0,000	0,988	0,078	0,992	2,341	0,160	0,734

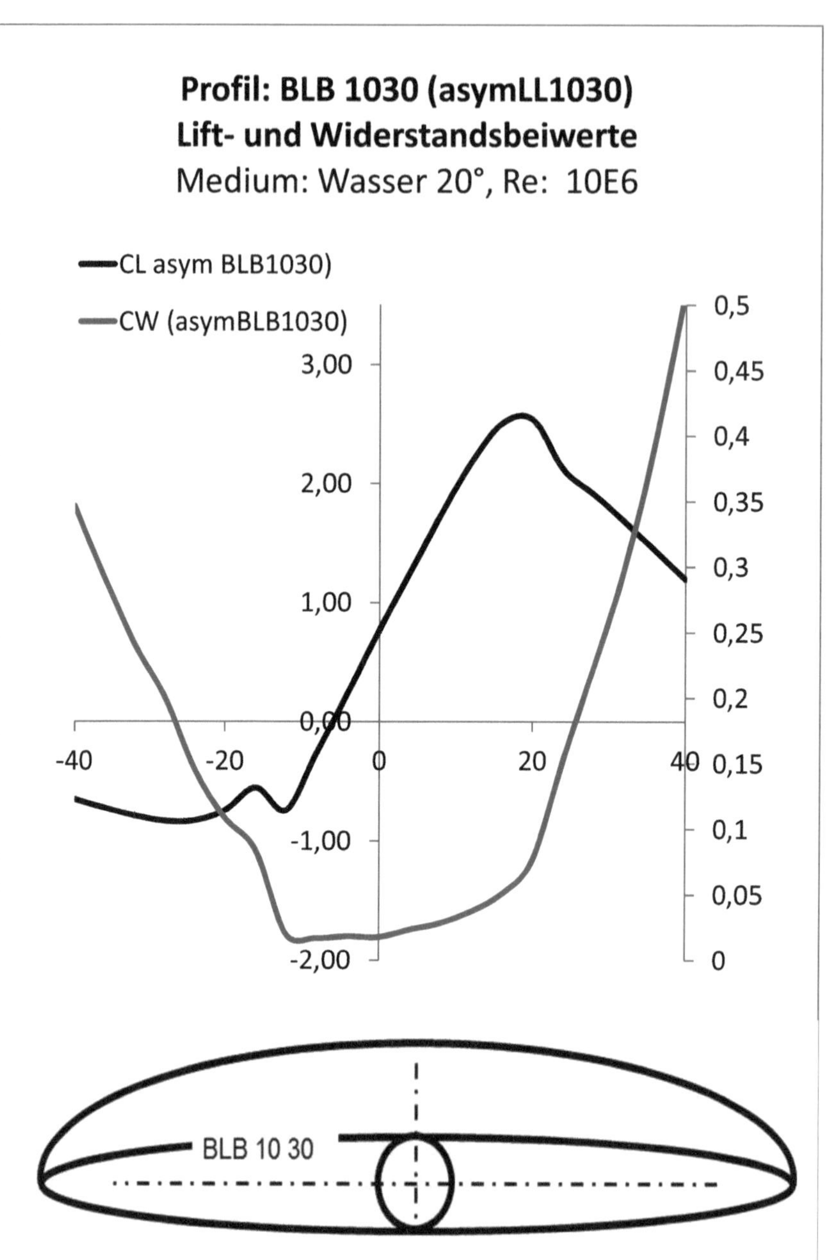

Profil: BLB 1030 (asymLL1030)
Lift- und Widerstandsbeiwerte
Medium: Wasser 20°, Re: 10E6
CL asym BLB1030)
CW (asymBLB1030)
3,00
2,00
1,00
0,00
-1,00
-2,00
-40
-20
0
20
40
0,5
0,45
0,4
0,35
0,3
0,25
0,2
0,15
0,1
0,05
0
BLB 10 30

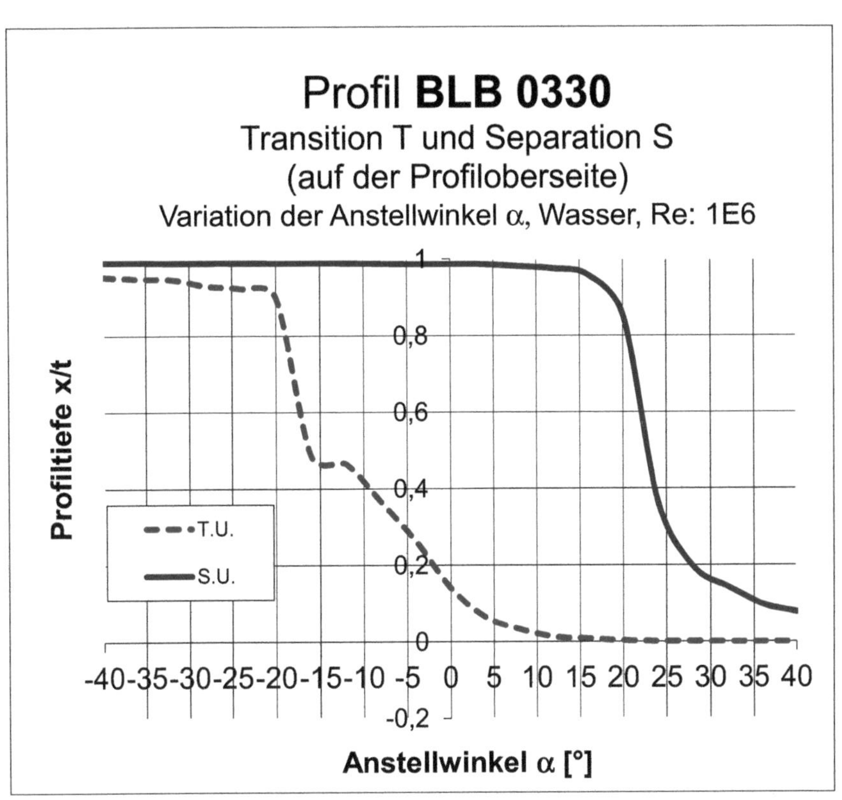

Profil BLB 0330
Transition T und Separation S
(auf der Profiloberseite)
Variation der Anstellwinkel α, Wasser, Re: 1E6
Profiltiefe x/t
T.U.
S.U.
1
0,8
0,6
0,4
0,2
0
-0,2
-40 -35 -30 -25 -20 -15 -10 -5 0 5 10 15 20 25 30 35 40
Anstellwinkel α [°]

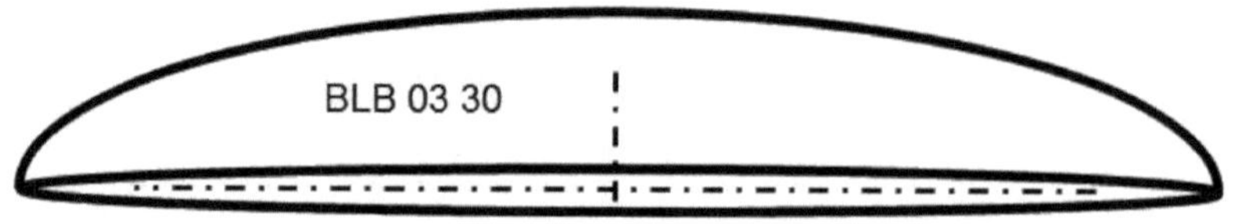

Profilkontur BLB 0330, Medium Wasser bei 20[°C], Re: 10E6

α [°]	Ca [-]	Cw [-]	Cm 0.25 [-]	T.U. [-]	T.L. [-]	S.U. [-]	S.L. [-]	GZ [-]	N.P. [-]	D.P.
-40,0	-0,302	0,29532	0,028	0,968	0,003	0,992	0,045	-1,023	-0,181	0,341
-36,0	-0,348	0,26000	0,008	0,960	0,003	0,992	0,041	-1,340	-0,216	0,272
-32,0	-0,396	0,21811	-0,016	0,953	0,004	0,992	0,036	-1,817	-0,368	0,209
-28,0	-0,432	0,17774	-0,044	0,949	0,004	0,991	0,029	-2,430	-1,527	0,148
-24,0	-0,429	0,17698	-0,075	0,938	0,004	0,991	0,025	-2,425	0,978	0,076
-20,0	-0,344	0,12592	-0,108	0,917	0,004	0,991	0,022	-2,732	0,489	-0,064
-16,0	-0,140	0,08498	-0,144	0,481	0,009	0,991	0,022	-1,650	-3,040	-0,775
-12,0	-0,366	0,05984	-0,182	0,465	0,010	0,990	0,023	-6,122	0,472	-0,246
-8,0	0,207	0,04272	-0,221	0,366	0,011	0,990	0,026	4,855	0,342	1,316
-4,0	0,701	0,01683	-0,279	0,254	0,013	0,989	0,992	41,633	0,332	0,649
-0,0	1,212	0,02017	-0,303	0,124	0,171	0,988	0,993	60,096	0,300	0,500
4,0	1,671	0,02490	-0,328	0,057	0,322	0,986	0,993	67,128	0,303	0,446
8,0	2,128	0,03338	-0,352	0,006	0,608	0,984	0,993	63,756	0,310	0,415
12,0	2,468	0,04535	-0,376	0,003	0,617	0,979	0,992	54,410	0,361	0,402
16,0	2,569	0,06284	-0,401	0,001	0,641	0,964	0,993	40,873	-0,011	0,406
20,0	1,998	0,12002	-0,499	0,000	0,939	0,499	0,991	16,644	0,099	0,500
24,0	1,616	0,19380	-0,545	0,000	0,988	0,217	0,989	8,338	0,144	0,587
28,0	1,298	0,27606	-0,573	-0,000	0,988	0,114	0,989	4,701	0,159	0,692
32,0	1,025	0,36860	-0,598	-0,000	0,987	0,073	0,988	2,782	0,155	0,833
36,0	0,808	0,50518	-0,619	-0,000	0,987	0,041	0,988	1,599	0,145	1,017
40,0	0,627	0,61449	-0,640	0,000	0,987	0,044	0,987	1,020	0,135	1,272

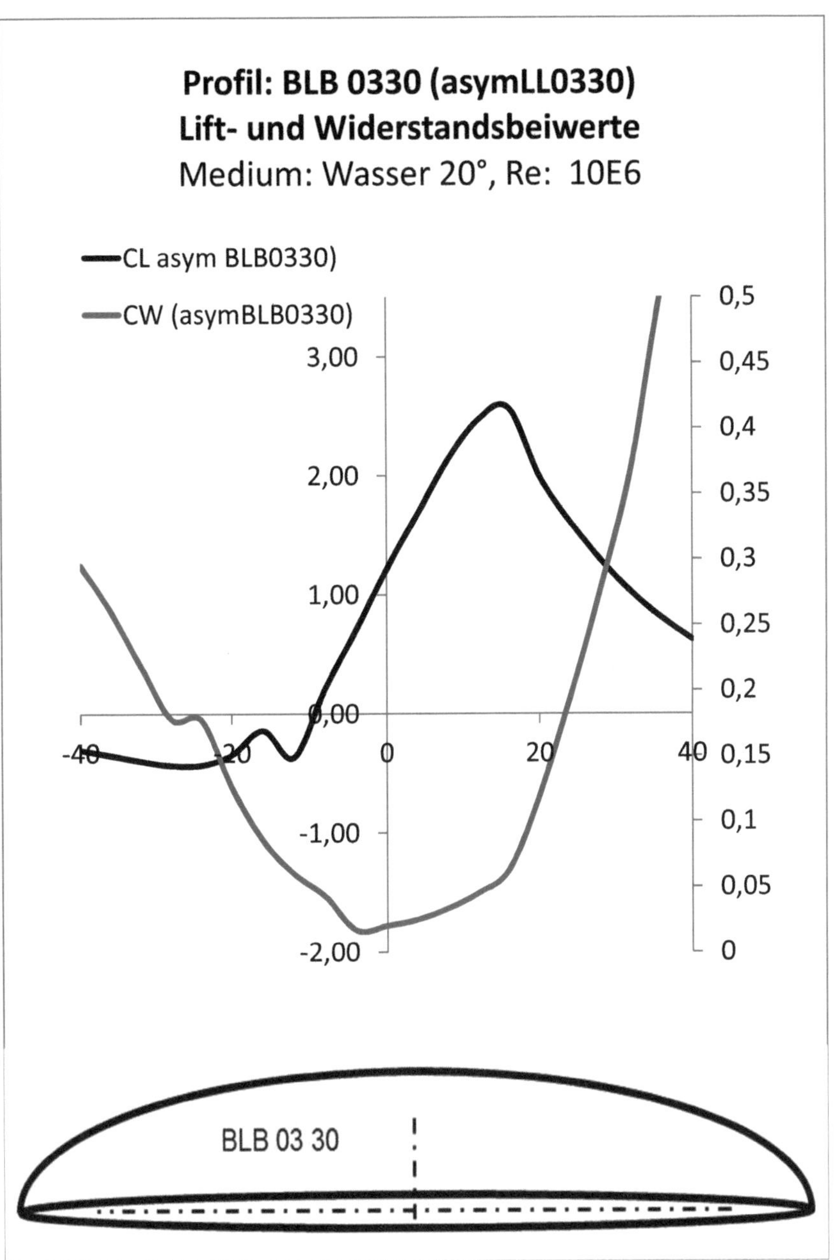

Profil: BLB 0330 (asymLL0330)
Lift- und Widerstandsbeiwerte
Medium: Wasser 20°, Re: 10E6
CL asym BLB0330)
CW (asymBLB0330)
3,00
2,00
1,00
0,00
-1,00
-2,00
-40
-20
0
20
40
0,5
0,45
0,4
0,35
0,3
0,25
0,2
0,15
0,1
0,05
0
BLB 03 30

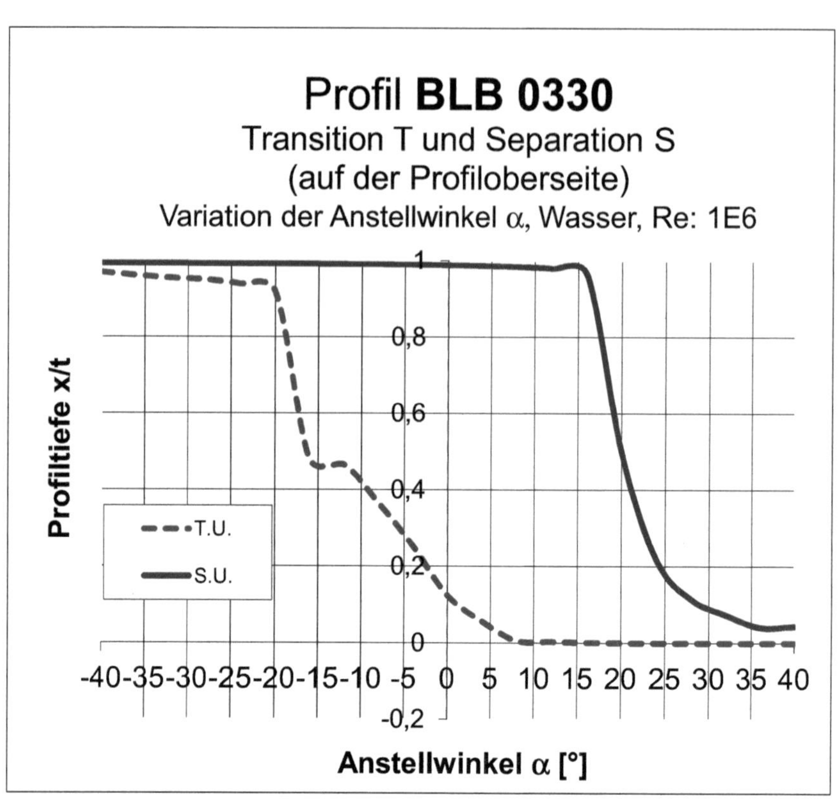

Profil BLB 0330
Transition T und Separation S
(auf der Profiloberseite)
Variation der Anstellwinkel α, Wasser, Re: 1E6
Profiltiefe x/t
1
0,8
0,6
0,4
0,2
0
-0,2
T.U.
S.U.
-40 -35 -30 -25 -20 -15 -10 -5 0 5 10 15 20 25 30 35 40
Anstellwinkel α [°]

Profilkontur BLB 0530, Medium Wasser bei 20[°C], Re: 10E6

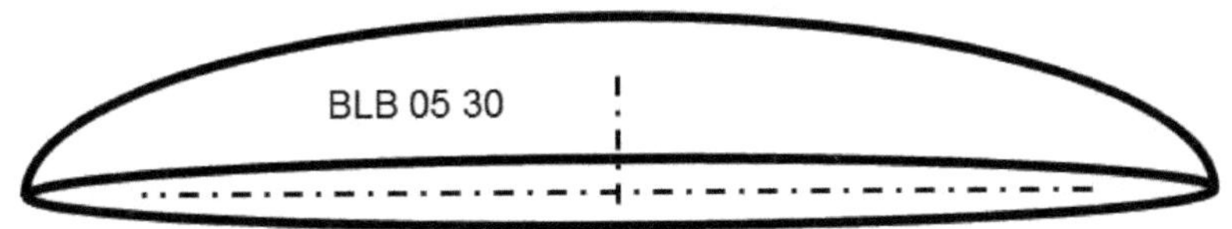

α	Ca	Cw	Cm 0.25		T.U.	T.L.	S.U.	S.L.	GZ	N.P.	D.P.
[°]	[-]	[-]	[-]	[-]	[-]	[-]	[-]	[-]	[-]	[-]	
-40,0	-0,360	0,34391		0,065	0,961	0,003	0,994	0,041	-1,047	-0,100	0,430
-36,0	-0,416	0,29148		0,045	0,953	0,003	0,993	0,038	-1,429	-0,131	0,358
-32,0	-0,475	0,25159		0,021	0,949	0,004	0,992	0,033	-1,888	-0,244	0,294
-28,0	-0,522	0,23377		-0,007	0,947	0,004	0,992	0,026	-2,231	-0,841	0,237
-24,0	-0,529	0,17368		-0,038	0,934	0,003	0,991	0,023	-3,045	1,178	0,179
-20,0	-0,452	0,11876		-0,071	0,889	0,005	0,991	0,025	-3,806	0,506	0,092
-16,0	-0,255	0,08179		-0,108	0,780	0,009	0,989	0,026	-3,122	-0,805	-0,173
-12,0	-0,523	0,05911		-0,146	0,525	0,010	0,989	0,039	-8,844	0,623	-0,030
-8,0	0,051	0,01541		-0,222	0,366	0,011	0,989	0,992	3,318	0,342	4,593
-4,0	0,570	0,01701		-0,247	0,258	0,014	0,987	0,992	33,521	0,298	0,683
-0,0	1,085	0,01966		-0,272	0,136	0,188	0,986	0,992	55,219	0,302	0,500
4,0	1,548	0,02397		-0,297	0,055	0,377	0,985	0,993	64,580	0,305	0,442
8,0	2,015	0,03230		-0,323	0,007	0,618	0,983	0,992	62,381	0,312	0,410
12,0	2,375	0,04260		-0,348	0,002	0,674	0,976	0,993	55,755	0,356	0,397
16,0	2,507	0,05924		-0,375	0,001	0,902	0,960	0,992	42,325	-0,171	0,400
20,0	2,149	0,09512		-0,443	0,000	0,910	0,735	0,992	22,591	0,085	0,456
24,0	1,627	0,18368		-0,520	0,000	0,921	0,247	0,992	8,858	0,123	0,570
28,0	1,313	0,26840		-0,550	-0,000	0,988	0,113	0,989	4,893	0,152	0,668
32,0	1,047	0,33612		-0,577	0,000	0,988	0,087	0,989	3,116	0,147	0,801
36,0	0,829	0,46421		-0,600	-0,000	0,988	0,057	0,989	1,786	0,138	0,973
40,0	0,662	0,58179		-0,620	0,000	0,988	0,053	0,989	1,138	0,126	1,187

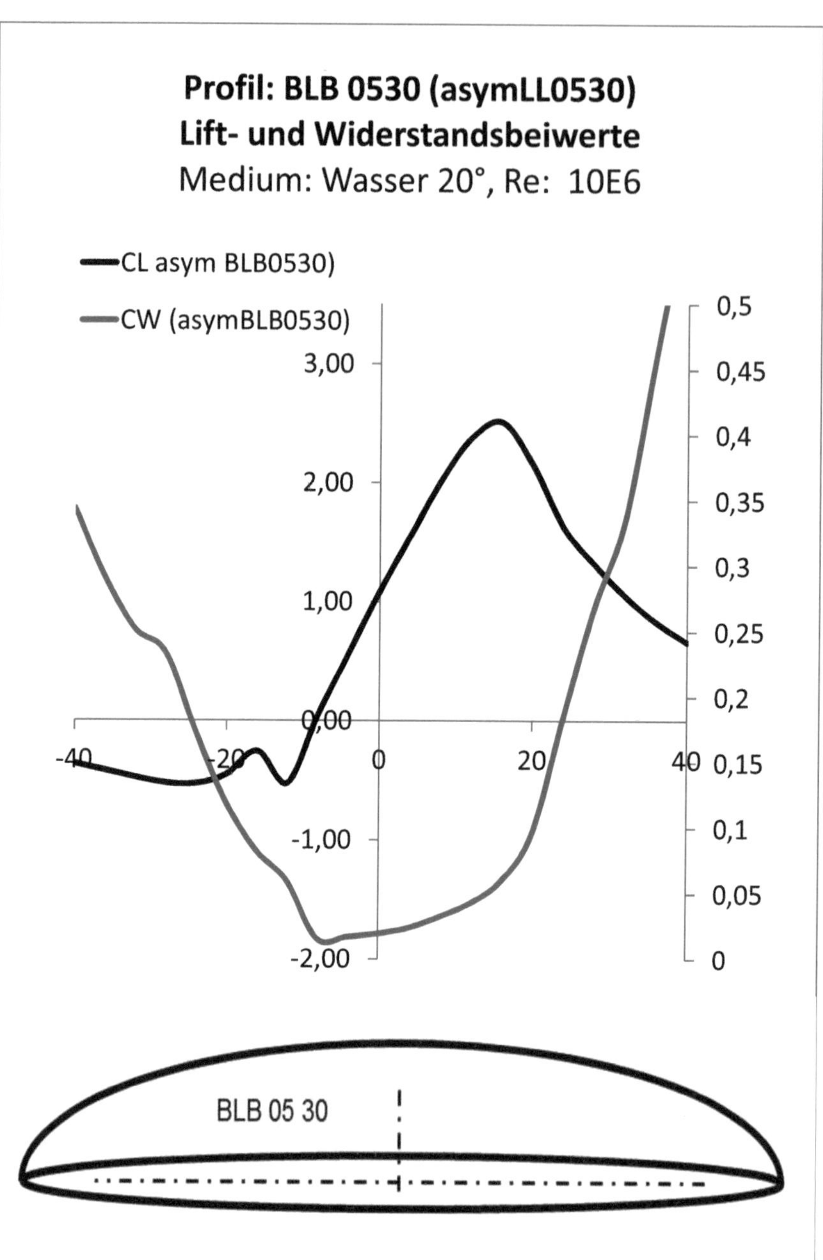

Profil: BLB 0530 (asymLL0530)
Lift- und Widerstandsbeiwerte
Medium: Wasser 20°, Re: 10E6
CL asym BLB0530)
CW (asymBLB0530)
3,00
2,00
1,00
0,00
-1,00
-2,00
-40
-20
0
20
40
0,5
0,45
0,4
0,35
0,3
0,25
0,2
0,15
0,1
0,05
0
BLB 05 30

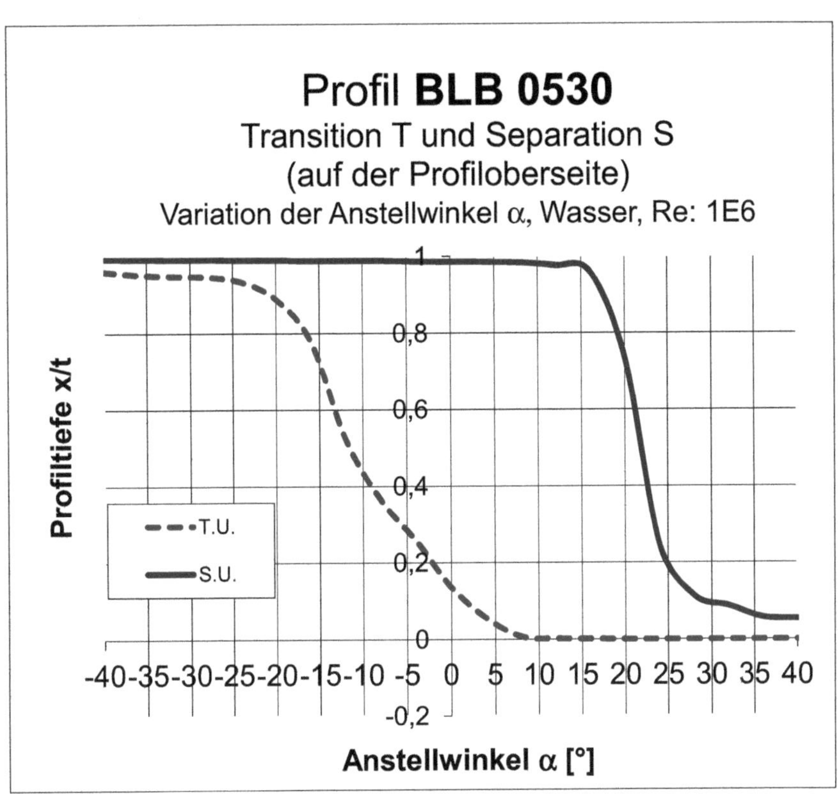

Profil BLB 0530
Transition T und Separation S
(auf der Profiloberseite)
Variation der Anstellwinkel α, Wasser, Re: 1E6
Profiltiefe x/t
1
0,8
0,6
0,4
0,2
0
-0,2
T.U.
S.U.
-40 -35 -30 -25 -20 -15 -10 -5 0 5 10 15 20 25 30 35 40
Anstellwinkel α [°]

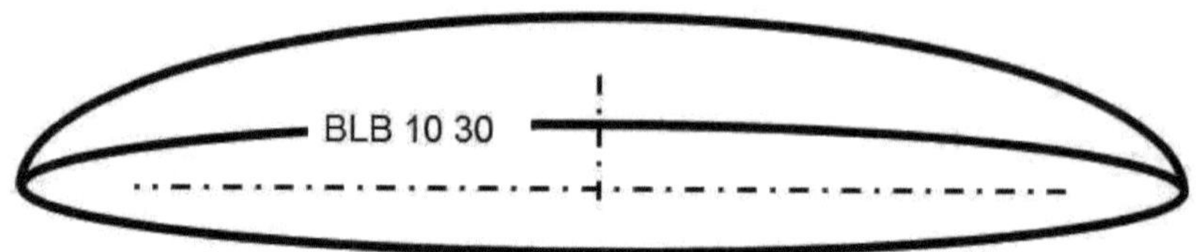

α [°]	Ca [-]	Cw [-]	Cm 0.25 [-]	[-]	T.U. [-]	T.L. [-]	S.U. [-]	S.L. [-]	GZ [-]	N.P. [-]	D.P.
-40,0	-0,560	0,41654		0,141	0,961	0,003	0,991	0,035	-1,345	-0,005	0,501
-36,0	-0,642	0,36531		0,120	0,954	0,003	0,991	0,031	-1,757	-0,027	0,437
-32,0	-0,724	0,27244		0,095	0,950	0,004	0,990	0,032	-2,658	-0,119	0,382
-28,0	-0,786	0,21290		0,067	0,946	0,004	0,989	0,036	-3,691	-0,679	0,335
-24,0	-0,790	0,15554		0,034	0,925	0,004	0,990	0,040	-5,079	1,007	0,293
-20,0	-0,695	0,11110		-0,002	0,876	0,007	0,990	0,048	-6,258	0,492	0,248
-16,0	-0,492	0,07736		-0,038	0,431	0,009	0,989	0,121	-6,353	2,424	0,173
-12,0	-0,634	0,02200		-0,135	0,412	0,010	0,989	0,984	-28,812	0,616	0,037
-8,0	-0,150	0,01837		-0,163	0,404	0,011	0,988	0,990	-8,179	0,306	-0,832
-4,0	0,349	0,01861		-0,191	0,263	0,025	0,986	0,990	18,769	0,305	0,796
-0,0	0,875	0,02005		-0,219	0,143	0,186	0,986	0,991	43,641	0,308	0,500
4,0	1,349	0,02245		-0,248	0,065	0,366	0,985	0,992	60,099	0,310	0,434
8,0	1,836	0,02947		-0,277	0,039	0,483	0,981	0,992	62,301	0,315	0,401
12,0	2,236	0,04083		-0,306	0,003	0,592	0,974	0,992	54,750	0,342	0,387
16,0	2,474	0,05564		-0,335	0,002	0,730	0,958	0,991	44,472	2,470	0,386
20,0	2,277	0,08540		-0,397	0,001	0,947	0,788	0,991	26,660	0,033	0,424
24,0	1,782	0,17242		-0,485	0,000	0,961	0,284	0,991	10,338	0,089	0,522
28,0	1,515	0,23319		-0,520	0,000	0,974	0,181	0,991	6,495	0,132	0,593
32,0	1,249	0,31448		-0,548	0,000	0,984	0,118	0,990	3,972	0,142	0,689
36,0	1,020	0,39014		-0,573	0,000	0,988	0,093	0,989	2,614	0,144	0,812
40,0	0,831	0,53810		-0,593	0,000	0,989	0,065	0,990	1,544	0,147	0,963

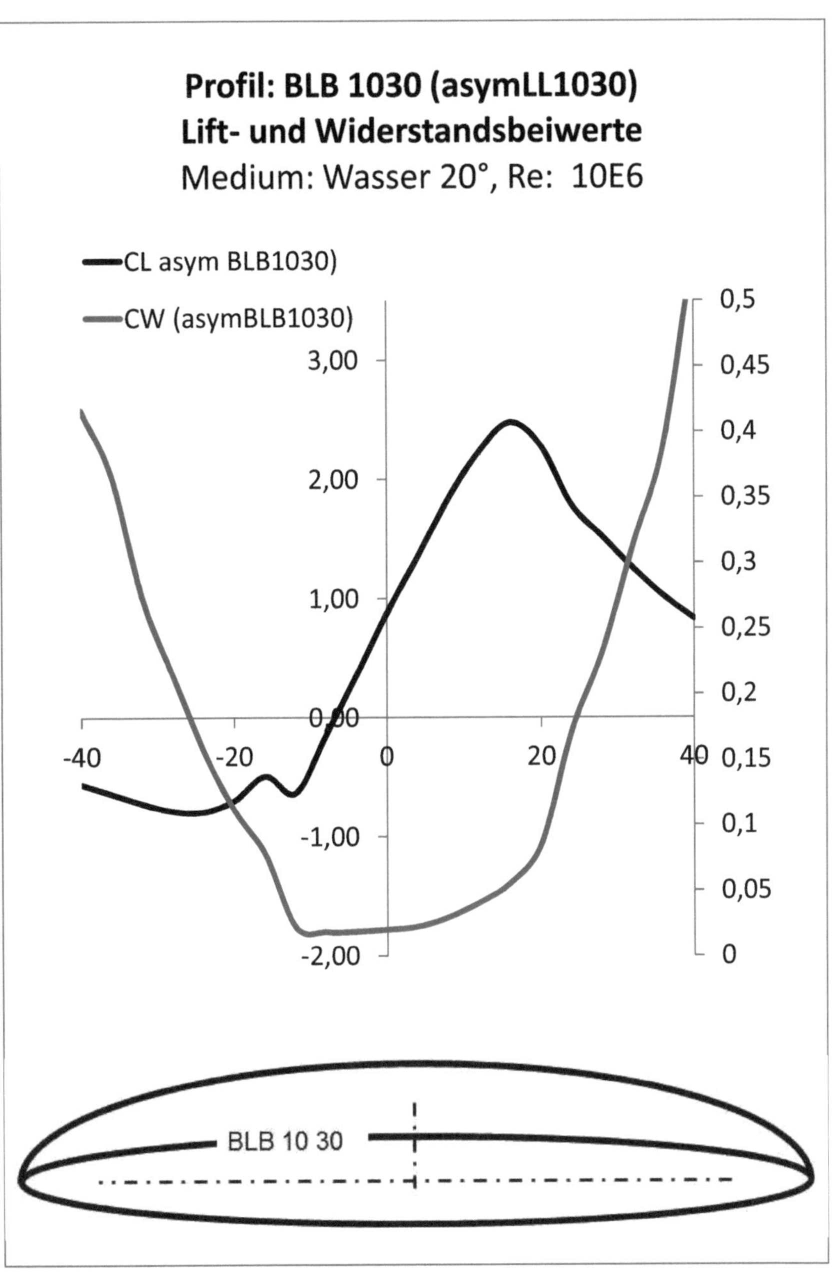

Profil: BLB 1030 (asymLL1030)
Lift- und Widerstandsbeiwerte
Medium: Wasser 20°, Re: 10E6
CL asym BLB1030)
CW (asymBLB1030)
3,00
2,00
1,00
0,00
-1,00
-2,00
-40
-20
0
20
40
0,5
0,45
0,4
0,35
0,3
0,25
0,2
0,15
0,1
0,05
0
BLB 10 30

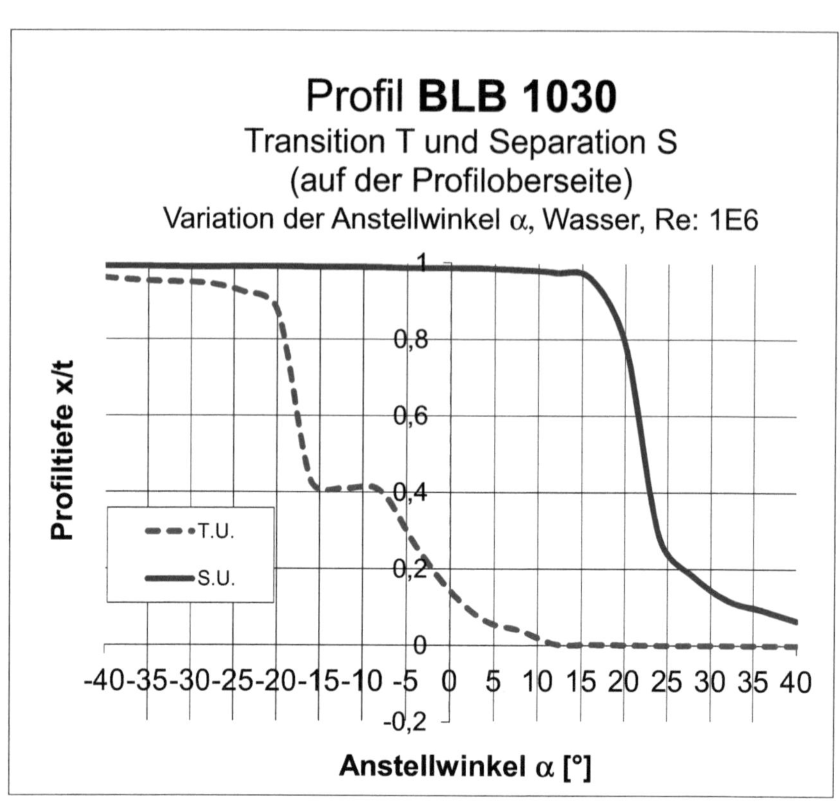

Profil BLB 1030
Transition T und Separation S
(auf der Profiloberseite)
Variation der Anstellwinkel α, Wasser, Re: 1E6
Profiltiefe x/t
1
0,8
0,6
0,4
0,2
0
-0,2
-40 -35 -30 -25 -20 -15 -10 -5 0 5 10 15 20 25 30 35 40
T.U.
S.U.
Anstellwinkel α [°]

Profilkontur BLB 0550, Medium Wasser bei 20[°C], Re: 10E6

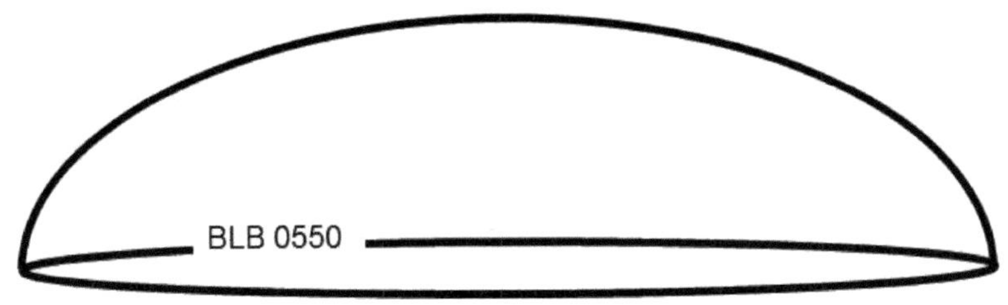

α	Ca	Cw	Cm 0.25		T.U.	T.L.	S.U.	S.L.	GZ	N.P.	D.P.
[°]	[-]	[-]	[-]	[-]	[-]	[-]	[-]	[-]	[-]	[-]	
-40,0	-0,406	0,26874		-0,039	0,911	0,007	0,988	0,040	-1,511	-0,741	0,154
-36,0	-0,424	0,24293		-0,057	0,893	0,007	0,987	0,039	-1,745	-2,883	0,116
-32,0	-0,420	0,20306		-0,082	0,875	0,007	0,985	0,038	-2,067	1,316	0,055
-28,0	-0,370	0,17820		-0,114	0,839	0,006	0,984	0,033	-2,076	0,658	-0,059
-24,0	-0,245	0,14397		-0,153	0,785	0,006	0,982	0,029	-1,701	0,486	-0,376
-20,0	-0,017	0,10792		-0,198	0,708	0,006	0,981	0,032	-0,160	-0,974	-11,190
-16,0	-0,322	0,08355		-0,247	0,469	0,007	0,979	0,040	-3,849	0,582	-0,518
-12,0	0,296	0,06462		-0,301	0,456	0,006	0,976	0,053	4,577	0,381	1,269
-8,0	0,816	0,02353		-0,396	0,354	0,009	0,973	0,991	34,687	0,377	0,735
-4,0	1,385	0,02805		-0,440	0,284	0,018	0,970	0,991	49,380	0,331	0,568
-0,0	1,931	0,03363		-0,486	0,188	0,260	0,966	0,991	57,422	0,348	0,502
4,0	2,357	0,04061		-0,535	0,128	0,363	0,963	0,992	58,036	0,359	0,477
8,0	2,839	0,05182		-0,585	0,068	0,387	0,955	0,992	54,782	0,358	0,456
12,0	3,280	0,07076		-0,635	0,005	0,571	0,945	0,992	46,360	0,378	0,444
16,0	3,622	0,08762		-0,686	0,001	0,877	0,930	0,991	41,335	0,462	0,439
20,0	3,762	0,11344		-0,737	-0,001	0,948	0,903	0,991	33,160	-1,094	0,446
24,0	3,540	0,15013		-0,795	0,001	0,989	0,846	0,990	23,581	0,075	0,475
28,0	3,043	0,20441		-0,864	0,003	0,989	0,741	0,990	14,885	0,120	0,534
32,0	2,432	0,28212		-0,940	0,003	0,989	0,574	0,990	8,620	0,131	0,636
36,0	1,910	0,37013		-0,999	0,003	0,989	0,433	0,990	5,159	0,141	0,773
40,0	1,490	0,48683		-1,042	0,003	0,547	0,307	0,549	3,060	0,147	0,949

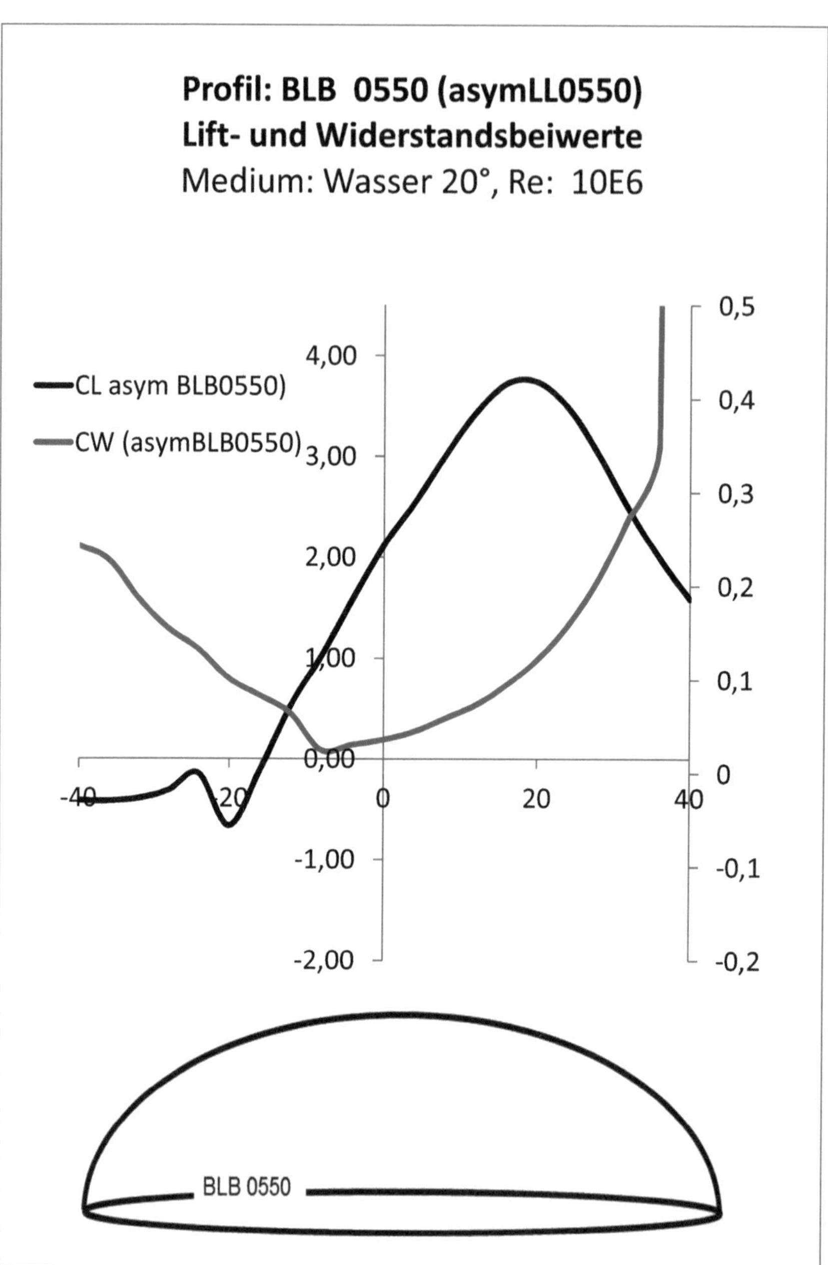
Profil: BLB 0550 (asymLL0550)
Lift- und Widerstandsbeiwerte
Medium: Wasser 20°, Re: 10E6
CL asym BLB0550)
CW (asymBLB0550)
4,00
3,00
2,00
1,00
0,00
-1,00
-2,00
0,5
0,4
0,3
0,2
0,1
0
-0,1
-0,2
-40
-20
0
20
40
BLB 0550

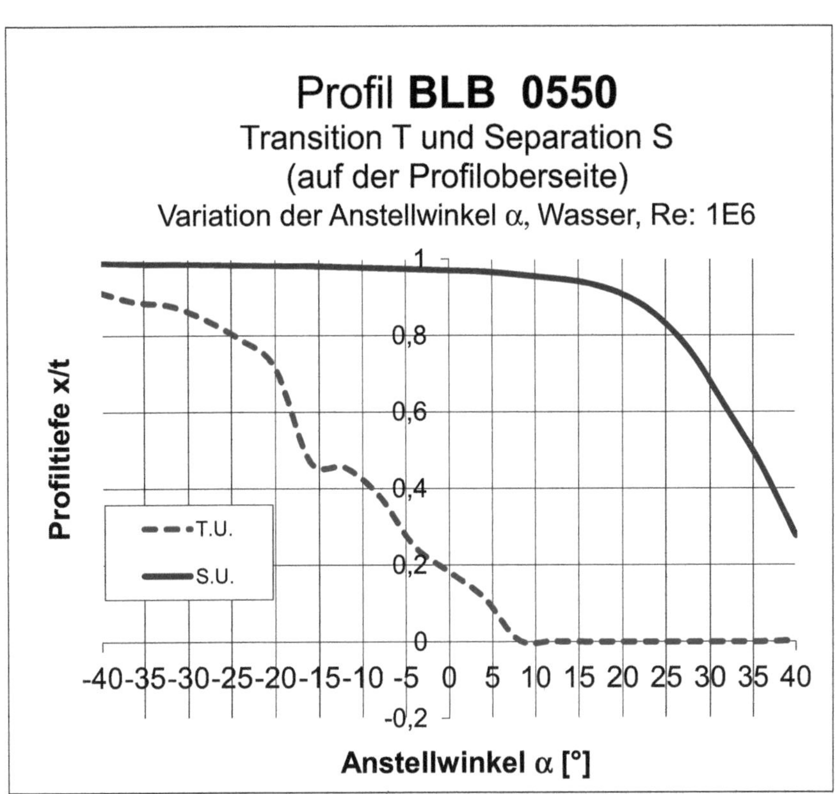

Profil BLB 0550
Transition T und Separation S
(auf der Profiloberseite)
Variation der Anstellwinkel α, Wasser, Re: 1E6
Profiltiefe x/t
T.U.
S.U.
1
0,8
0,6
0,4
0,2
0
-0,2
-40 -35 -30 -25 -20 -15 -10 -5 0 5 10 15 20 25 30 35 40
Anstellwinkel α [°]

Profilkontur BLB 0560, Medium Wasser bei 20[°C], Re: 10E6

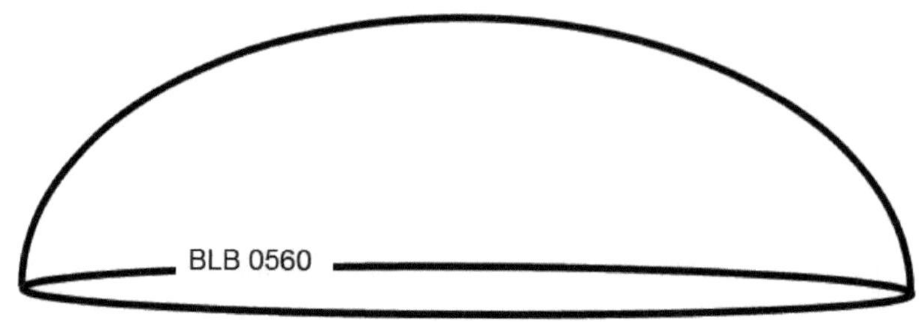

α	Ca	Cw	Cm 0.25		T.U.	T.L.	S.U.	S.L.	GZ	N.P.	D.P.
[°]	[-]	[-]	[-]	[-]	[-]	[-]	[-]	[-]	[-]	[-]	
-40,0	-0,401	0,30876		-0,111	0,891	0,006	0,988	0,035	-1,300	1,500	-0,028
-36,0	-0,388	0,26628		-0,128	0,864	0,005	0,987	0,032	-1,456	0,894	-0,081
-32,0	-0,335	0,20946		-0,154	0,834	0,006	0,986	0,031	-1,599	0,600	-0,210
-28,0	-0,216	0,16917		-0,189	0,805	0,006	0,983	0,033	-1,276	0,110	-0,623
-24,0	-0,887	0,13503		-0,231	0,719	0,005	0,981	0,033	-6,572	-0,216	-0,011
-20,0	-0,416	0,10490		-0,282	0,649	0,006	0,978	0,036	-3,968	0,349	-0,427
-16,0	0,204	0,08524		-0,339	0,477	0,006	0,975	0,038	2,392	0,343	1,914
-12,0	0,878	0,06682		-0,403	0,450	0,007	0,973	0,058	13,139	0,398	0,708
-8,0	1,339	0,02913		-0,507	0,384	0,011	0,970	0,990	45,969	0,406	0,629
-4,0	1,911	0,03571		-0,563	0,272	0,022	0,965	0,991	53,522	0,352	0,545
-0,0	2,464	0,04381		-0,622	0,219	0,200	0,961	0,991	56,239	0,376	0,502
4,0	2,864	0,05423		-0,684	0,134	0,468	0,955	0,992	52,814	0,391	0,489
8,0	3,350	0,06793		-0,747	0,090	0,619	0,950	0,993	49,313	0,389	0,473
12,0	3,780	0,08232		-0,811	0,062	0,654	0,938	0,993	45,920	0,411	0,464
16,0	4,145	0,11309		-0,875	0,000	0,797	0,920	0,993	36,656	0,560	0,461
20,0	4,193	0,13886		-0,939	0,002	0,900	0,897	0,993	30,196	-0,385	0,474
24,0	3,942	0,17541		-1,004	0,003	0,917	0,860	0,994	22,473	0,072	0,505
28,0	3,450	0,22083		-1,071	0,003	0,961	0,805	0,994	15,623	0,124	0,560
32,0	2,835	0,27754		-1,143	0,003	0,969	0,715	0,993	10,213	0,132	0,653
36,0	2,256	0,35305		-1,211	0,003	0,988	0,613	0,990	6,391	0,129	0,787
40,0	1,767	0,43843		-1,272	0,003	0,546	0,497	0,547	4,031	0,126	0,970

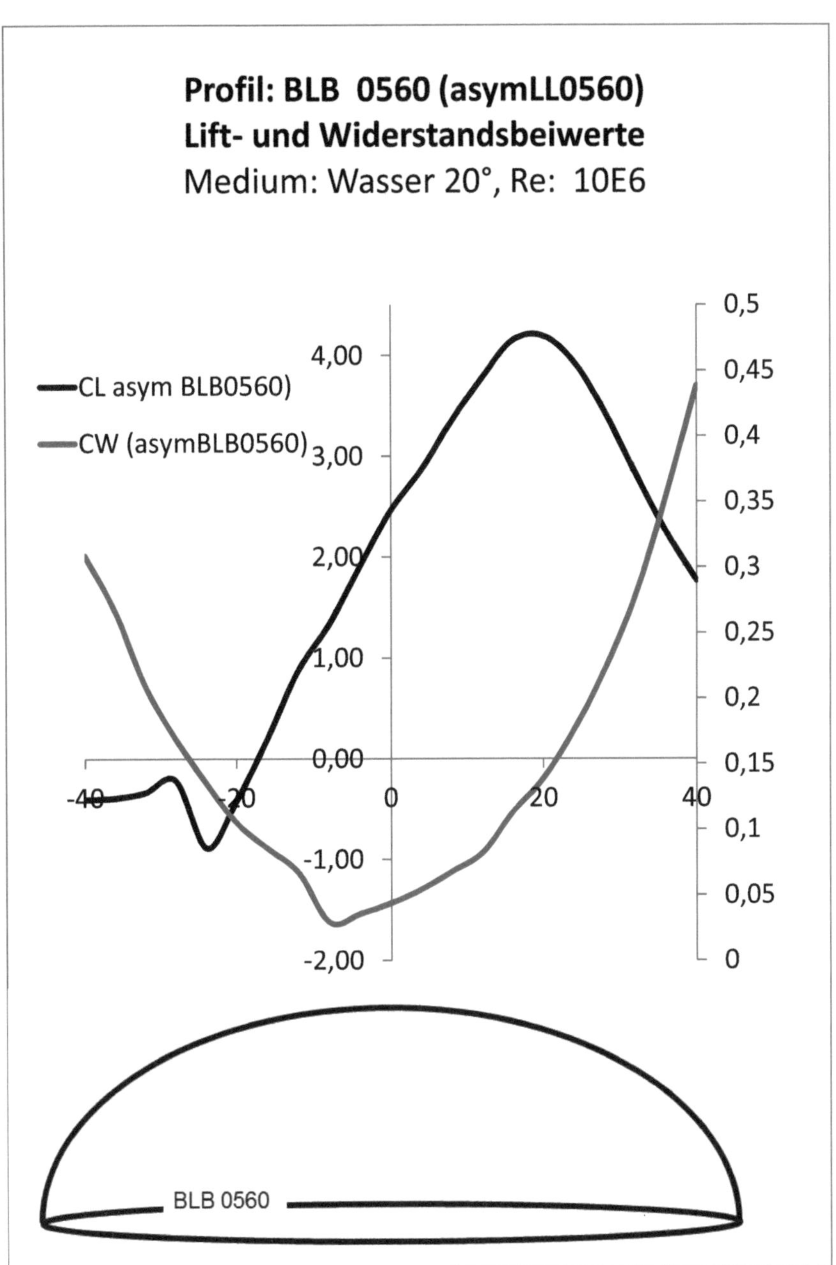

Profil: BLB 0560 (asymLL0560)
Lift- und Widerstandsbeiwerte
Medium: Wasser 20°, Re: 10E6
CL asym BLB0560)
CW (asymBLB0560)
4,00
3,00
2,00
1,00
0,00
-1,00
-2,00
-40
-20
0
20
40
0,5
0,45
0,4
0,35
0,3
0,25
0,2
0,15
0,1
0,05
0
BLB 0560

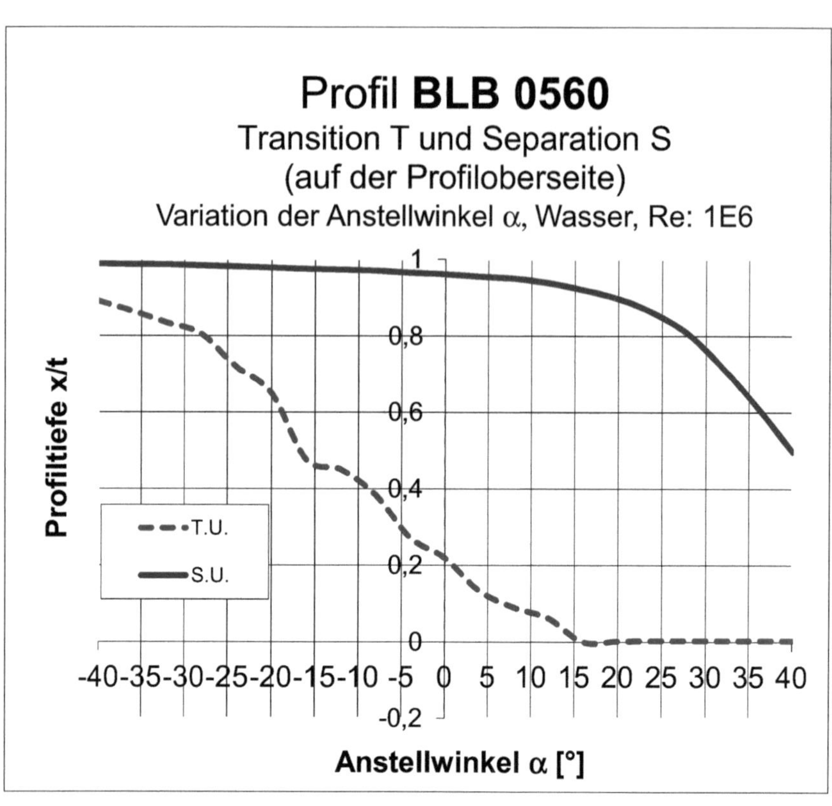

Profil BLB 0560
Transition T und Separation S
(auf der Profiloberseite)
Variation der Anstellwinkel α, Wasser, Re: 1E6
Profiltiefe x/t
1
0,8
0,6
0,4
0,2
0
-0,2
T.U.
S.U.
-40 -35 -30 -25 -20 -15 -10 -5 0 5 10 15 20 25 30 35 40
Anstellwinkel α [°]

Profilkontur BLB1050, Medium Wasser bei 20[°C], Re: 10E6

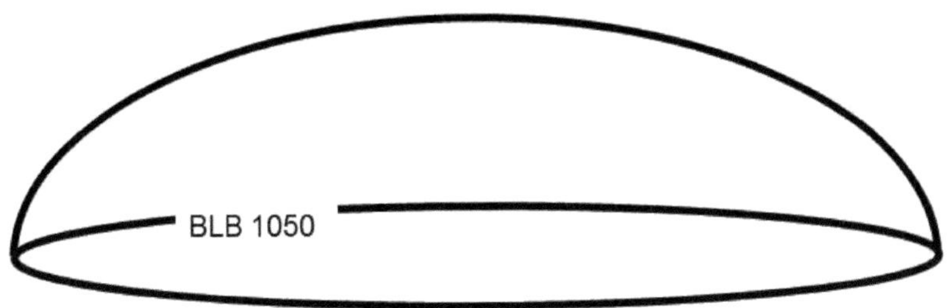

α	Ca	Cw	Cm 0.25		T.U.	T.L.	S.U.	S.L.	GZ	N.P.	D.P.
[°]	[-]	[-]	[-]	[-]	[-]	[-]	[-]	[-]	[-]	[-]	
-40,0	-0,644	0,32843		0,007	0,911	0,006	0,987	0,037	-1,959	-0,722	0,261
-36,0	-0,661	0,24982		-0,010	0,887	0,007	0,985	0,039	-2,648	-28,365	0,234
-32,0	-0,645	0,20859		-0,035	0,879	0,007	0,985	0,043	-3,092	0,869	0,195
-28,0	-0,568	0,16445		-0,068	0,839	0,008	0,983	0,048	-3,456	0,550	0,130
-24,0	-0,405	0,12665		-0,107	0,777	0,008	0,982	0,058	-3,197	0,449	-0,015
-20,0	-0,137	0,10008		-0,154	0,740	0,008	0,981	0,067	-1,372	-0,868	-0,869
-16,0	-0,492	0,07939		-0,205	0,474	0,007	0,977	0,098	-6,199	0,839	-0,166
-12,0	0,133	0,02512		-0,313	0,455	0,010	0,974	0,960	5,313	0,381	2,596
-8,0	0,705	0,02464		-0,362	0,403	0,014	0,972	0,988	28,618	0,335	0,763
-4,0	1,274	0,02782		-0,410	0,263	0,027	0,969	0,990	45,792	0,337	0,572
-0,0	1,829	0,03223		-0,459	0,193	0,253	0,967	0,991	56,748	0,354	0,501
4,0	2,259	0,04082		-0,512	0,120	0,374	0,962	0,992	55,346	0,364	0,476
8,0	2,755	0,04970		-0,565	0,093	0,570	0,955	0,992	55,439	0,363	0,455
12,0	3,207	0,06744		-0,618	0,003	0,736	0,946	0,992	47,553	0,380	0,443
16,0	3,582	0,08753		-0,672	0,001	0,852	0,929	0,992	40,928	0,449	0,438
20,0	3,754	0,11100		-0,727	0,000	0,911	0,903	0,993	33,815	1,431	0,444
24,0	3,679	0,14385		-0,786	-0,000	0,952	0,854	0,992	25,574	-0,082	0,464
28,0	3,370	0,19096		-0,854	0,000	0,955	0,761	0,992	17,649	0,063	0,503
32,0	2,919	0,25092		-0,929	0,000	0,960	0,622	0,993	11,633	0,097	0,568
36,0	2,463	0,33057		-0,993	0,001	0,964	0,477	0,993	7,452	0,124	0,653
40,0	2,027	0,43877		-1,041	0,003	0,546	0,351	0,546	4,620	0,140	0,764

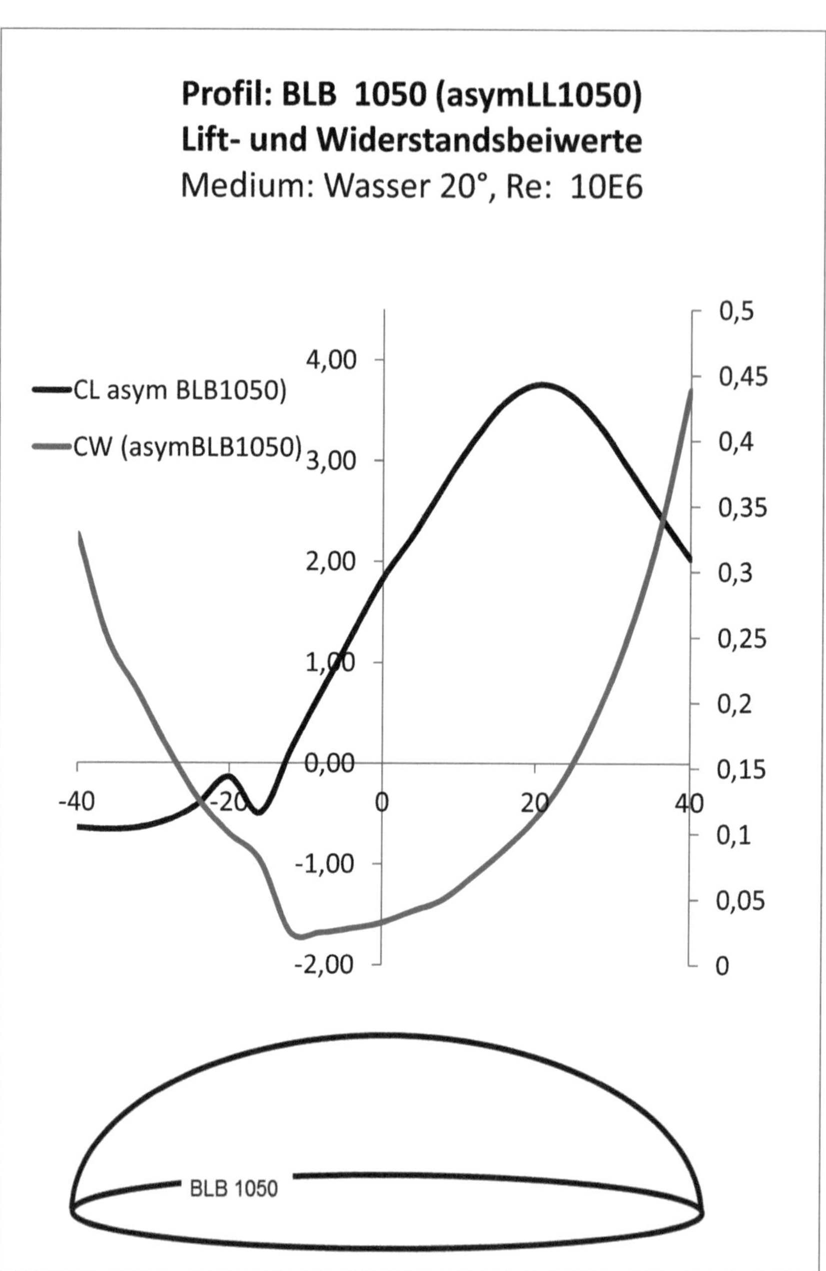

Profil: BLB 1050 (asymLL1050)
Lift- und Widerstandsbeiwerte
Medium: Wasser 20°, Re: 10E6
CL asym BLB1050)
CW (asymBLB1050)
4,00
3,00
2,00
1,00
0,00
-1,00
-2,00
-40
-20
0
20
40
0,5
0,45
0,4
0,35
0,3
0,25
0,2
0,15
0,1
0,05
0
BLB 1050

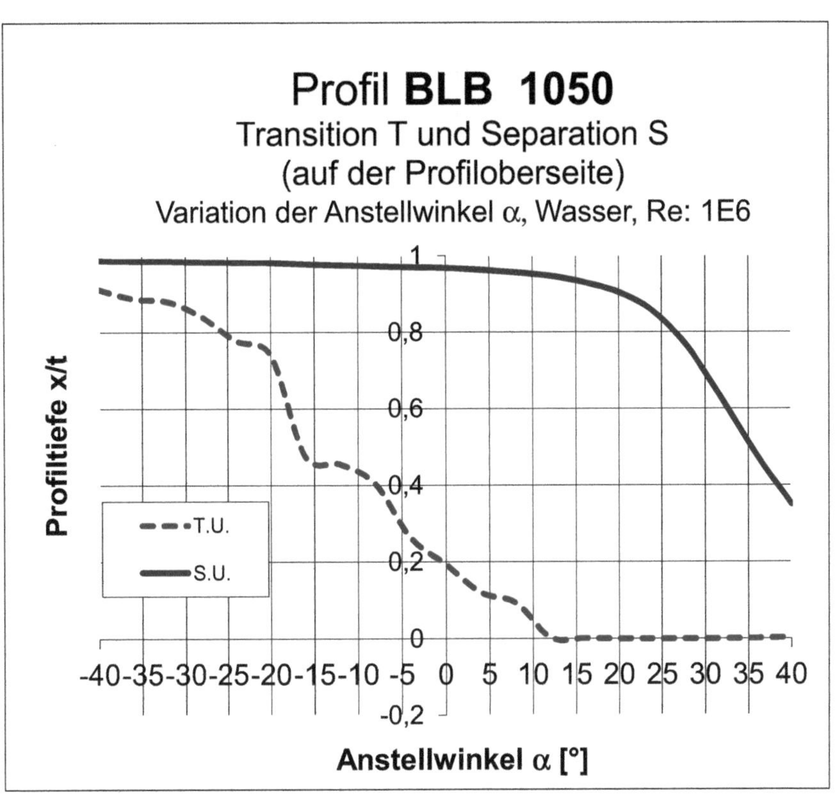

Profil BLB 1050
Transition T und Separation S
(auf der Profiloberseite)
Variation der Anstellwinkel α, Wasser, Re: 1E6
Profiltiefe x/t
1
0,8
0,6
0,4
0,2
0
-0,2
T.U.
S.U.
-40 -35 -30 -25 -20 -15 -10 -5 0 5 10 15 20 25 30 35 40
Anstellwinkel α [°]

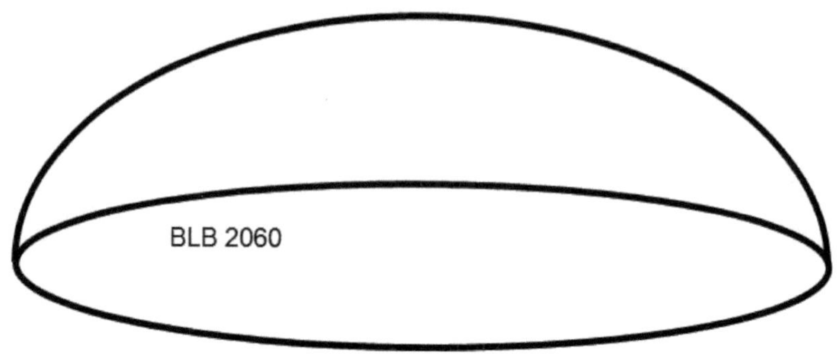

α	Ca	Cw	Cm 0.25		T.U.	T.L.	S.U.	S.L.	GZ	N.P.	D.P.
[°]	[-]	[-]	[-]	[-]	[-]	[-]	[-]	[-]	[-]	[-]	
-40,0	-1,245	0,28899		0,090	0,892	0,005	0,987	0,084	-4,307	0,638	0,322
-36,0	-1,185	0,23674		0,067	0,868	0,005	0,986	0,095	-5,007	0,541	0,306
-32,0	-1,050	0,18489		0,033	0,843	0,006	0,983	0,112	-5,679	0,468	0,281
-28,0	-0,833	0,14395		-0,010	0,805	0,008	0,982	0,157	-5,788	0,482	0,238
-24,0	-0,622	0,08893		-0,066	0,746	0,013	0,979	0,365	-6,993	0,692	0,143
-20,0	-0,476	0,04409		-0,168	0,673	0,013	0,977	0,729	-10,796	0,617	-0,102
-16,0	-0,101	0,03223		-0,258	0,528	0,015	0,975	0,891	-3,142	0,454	-2,295
-12,0	0,317	0,02848		-0,330	0,515	0,017	0,973	0,936	11,126	0,386	1,290
-8,0	0,947	0,03042		-0,400	0,386	0,033	0,969	0,956	31,130	0,365	0,673
-4,0	1,563	0,03530		-0,472	0,279	0,101	0,965	0,964	44,269	0,370	0,552
-0,0	2,164	0,04139		-0,546	0,218	0,308	0,960	0,967	52,276	0,391	0,502
4,0	2,621	0,05361		-0,622	0,135	0,402	0,956	0,970	48,894	0,402	0,487
8,0	3,160	0,06544		-0,698	0,095	0,520	0,949	0,972	48,285	0,397	0,471
12,0	3,649	0,08090		-0,773	0,061	0,712	0,938	0,975	45,112	0,411	0,462
16,0	4,086	0,10012		-0,847	0,037	0,834	0,925	0,978	40,815	0,440	0,457
20,0	4,424	0,13642		-0,920	0,000	0,848	0,901	0,978	32,427	0,540	0,458
24,0	4,585	0,16962		-0,991	0,001	0,874	0,868	0,978	27,032	2,308	0,466
28,0	4,493	0,21066		-1,062	0,002	0,910	0,820	0,978	21,327	-0,120	0,486
32,0	4,200	0,26355		-1,134	0,002	0,924	0,746	0,978	15,934	0,050	0,520
36,0	3,800	0,31928		-1,201	0,002	0,938	0,662	0,975	11,903	0,102	0,566
40,0	3,345	1,20998		-1,260	0,002	0,549	0,563	0,550	2,765	0,118	0,627

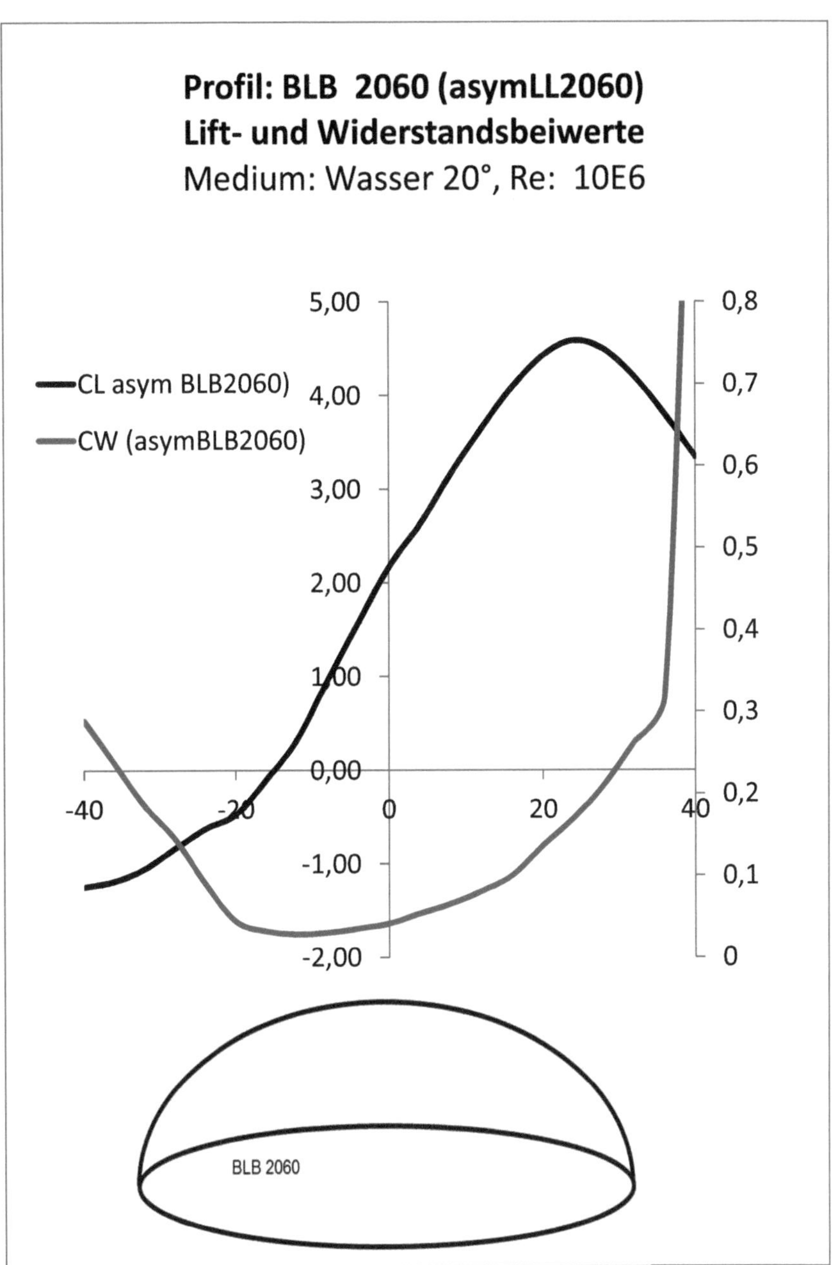

Profil: BLB 2060 (asymLL2060)
Lift- und Widerstandsbeiwerte
Medium: Wasser 20°, Re: 10E6
CL asym BLB2060)
CW (asymBLB2060)
5,00
4,00
3,00
2,00
1,00
0,00
-1,00
-2,00
0,8
0,7
0,6
0,5
0,4
0,3
0,2
0,1
0
-40
-20
0
20
40
BLB 2060

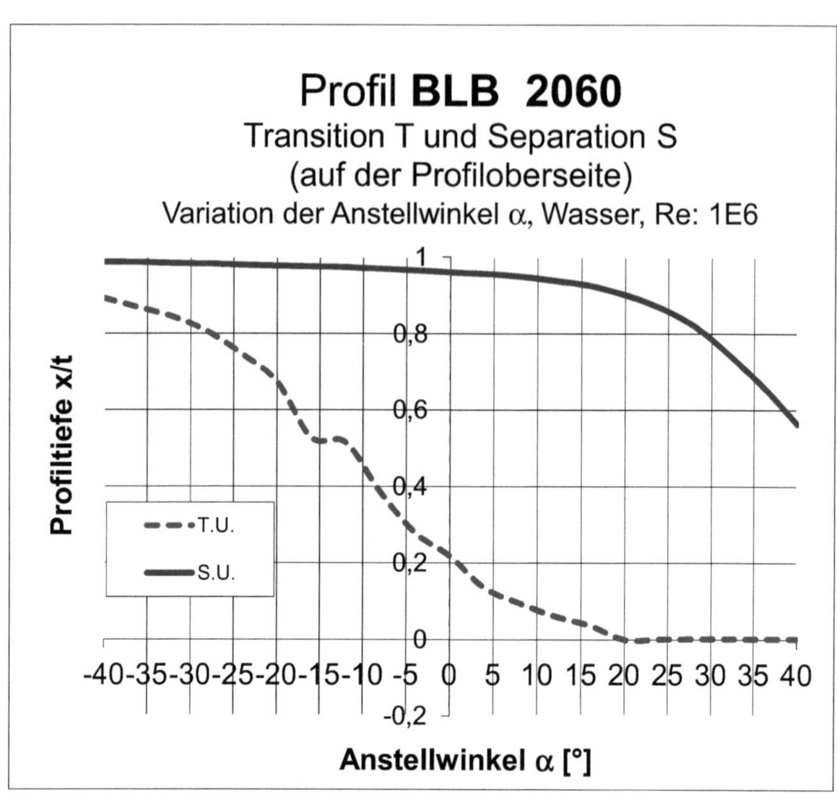

Profil BLB 2060
Transition T und Separation S
(auf der Profiloberseite)
Variation der Anstellwinkel α, Wasser, Re: 1E6
Profiltiefe x/t
1
0,8
0,6
0,4
0,2
0
-0,2
T.U.
S.U.
-40 -35 -30 -25 -20 -15 -10 -5 0 5 10 15 20 25 30 35 40
Anstellwinkel α [°]

Profilkontur BLB 2070, Medium Wasser bei 20[°C], Re: 10E6

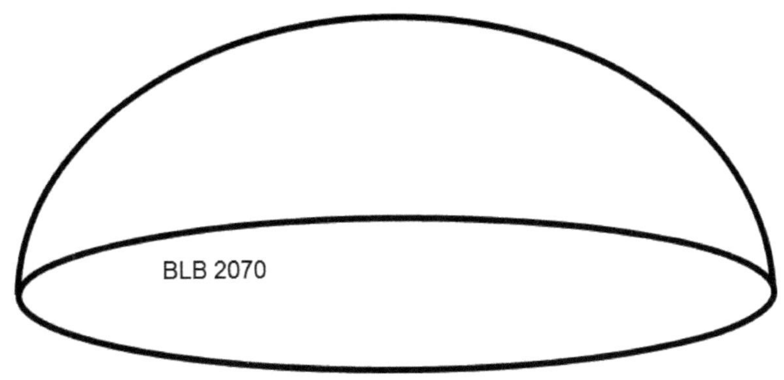

α	Ca	Cw	Cm 0.25		T.U.	T.L.	S.U.	S.L.	GZ	N.P.	D.P.
[°]	[-]	[-]	[-]	[-]	[-]	[-]	[-]	[-]	[-]	[-]	
-40,0	-1,172	0,25540		0,030	0,847	0,007	0,984	0,092	-4,588	0,404	0,275
-36,0	-1,026	0,20563		0,007	0,820	0,008	0,982	0,110	-4,989	0,411	0,257
-32,0	-0,822	0,15440		-0,027	0,787	0,013	0,980	0,168	-5,321	0,414	0,217
-28,0	-0,519	0,12495		-0,076	0,734	0,012	0,977	0,215	-4,157	0,446	0,104
-24,0	-0,229	0,08235		-0,143	0,677	0,013	0,975	0,399	-2,782	0,594	-0,374
-20,0	-0,005	0,04505		-0,253	0,560	0,014	0,970	0,735	-0,120	0,701	-46,478
-16,0	0,228	0,03513		-0,349	0,524	0,016	0,967	0,871	6,502	0,455	1,779
-12,0	0,888	0,03520		-0,435	0,411	0,018	0,963	0,921	25,227	0,382	0,740
-8,0	1,529	0,03783		-0,521	0,382	0,036	0,959	0,939	40,428	0,388	0,591
-4,0	2,153	0,04602		-0,610	0,285	0,162	0,953	0,951	46,777	0,397	0,533
-0,0	2,756	0,05533		-0,701	0,237	0,340	0,946	0,960	49,820	0,433	0,504
4,0	3,165	0,06839		-0,795	0,178	0,407	0,939	0,962	46,287	0,451	0,501
8,0	3,695	0,08480		-0,890	0,120	0,562	0,930	0,966	43,568	0,436	0,491
12,0	4,180	0,10516		-0,984	0,087	0,691	0,919	0,967	39,745	0,454	0,485
16,0	4,609	0,14048		-1,076	0,001	0,808	0,903	0,969	32,806	0,483	0,483
20,0	4,962	0,17129		-1,166	0,001	0,842	0,881	0,971	28,968	0,593	0,485
24,0	5,121	0,20567		-1,251	0,001	0,864	0,855	0,972	24,897	2,425	0,494
28,0	5,038	0,24356		-1,332	0,002	0,908	0,823	0,969	20,687	-0,208	0,514
32,0	4,782	0,29033		-1,406	0,002	0,917	0,785	0,971	16,472	0,029	0,544
36,0	4,392	0,34083		-1,475	0,002	0,933	0,736	0,969	12,885	0,098	0,586
40,0	3,944	0,40168		-1,534	0,002	0,548	0,683	0,549	9,818	0,119	0,639

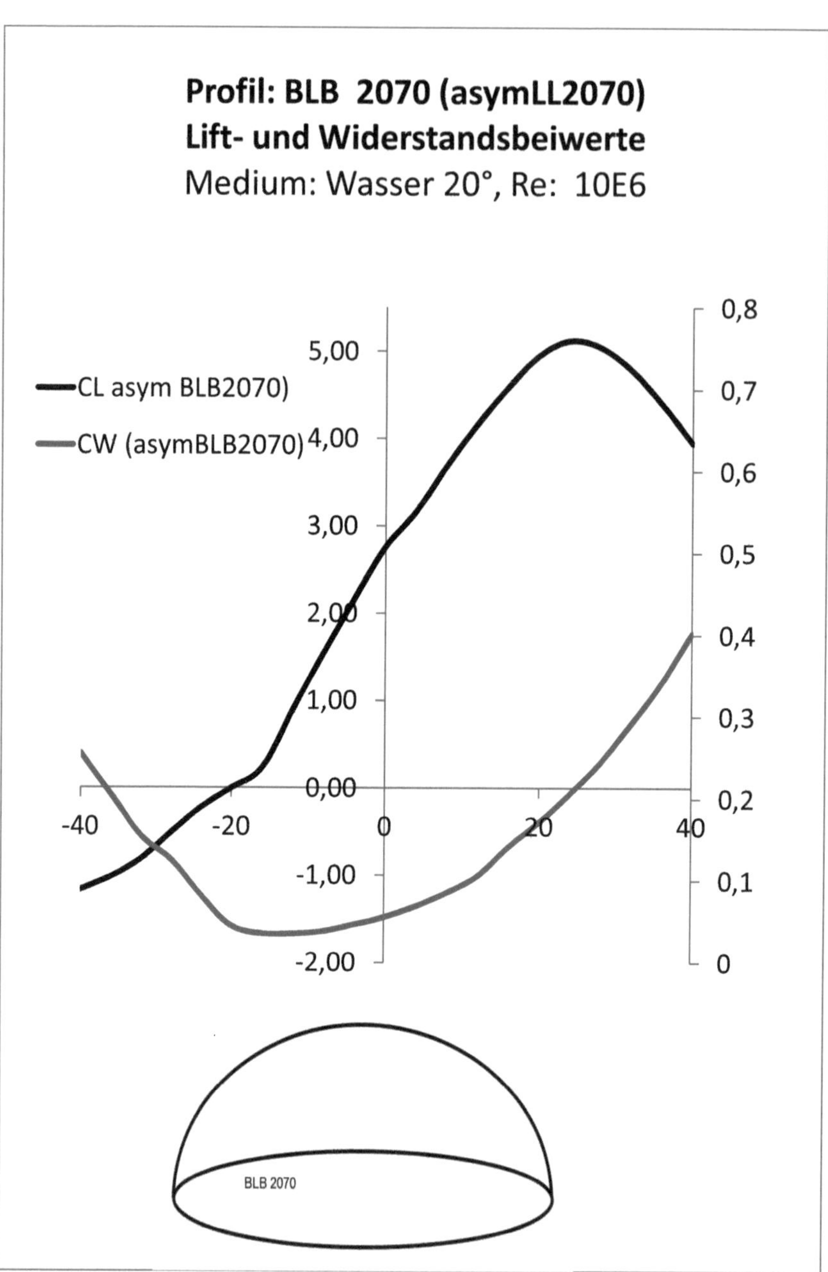

Profil: BLB 2070 (asymLL2070)
Lift- und Widerstandsbeiwerte
Medium: Wasser 20°, Re: 10E6
CL asym BLB2070)
CW (asymBLB2070)
5,00
4,00
3,00
2,00
1,00
0,00
-1,00
-2,00
-40
-20
0
20
40
0,8
0,7
0,6
0,5
0,4
0,3
0,2
0,1
0
BLB 2070

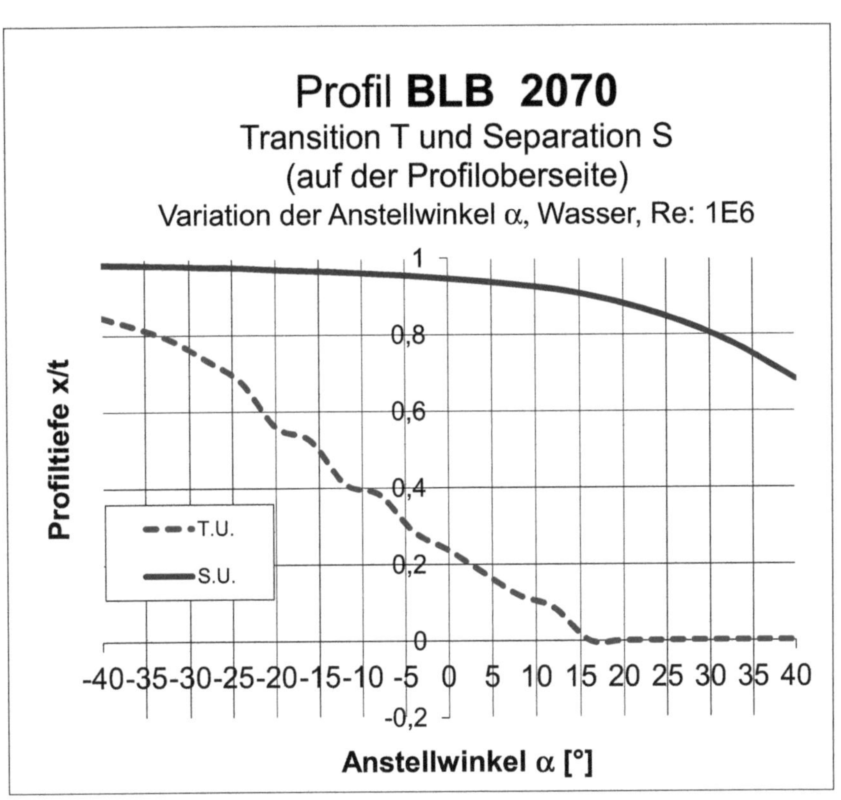

Profil BLB 2070
Transition T und Separation S
(auf der Profiloberseite)
Variation der Anstellwinkel α, Wasser, Re: 1E6
Profiltiefe x/t
1
0,8
0,6
0,4
0,2
0
-0,2
T.U.
S.U.
-40 -35 -30 -25 -20 -15 -10 -5 0 5 10 15 20 25 30 35 40
Anstellwinkel α [°]

Profilkontur BLB 1040, Medium Wasser bei 20[°C], Re: 10E6

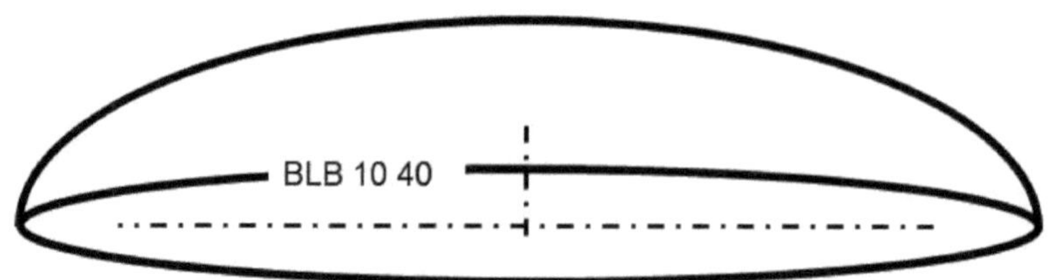

α	Ca	Cw	Cm 0.25		T.U.	T.L.	S.U.	S.L.	GZ	N.P.	D.P.
[°]	[-]	[-]	[-]	[-]	[-]	[-]	[-]	[-]	[-]	[-]	
-40,0	-0,662	0,30955		0,090	0,939	0,008	0,990	0,043	-2,137	-0,147	0,387
-36,0	-0,711	0,27152		0,071	0,936	0,008	0,989	0,040	-2,620	-0,307	0,349
-32,0	-0,743	0,23061		0,045	0,932	0,007	0,989	0,037	-3,221	-1,962	0,311
-28,0	-0,736	0,17447		0,015	0,870	0,008	0,988	0,047	-4,221	1,019	0,271
-24,0	-0,657	0,13991		-0,021	0,851	0,007	0,987	0,047	-4,693	0,552	0,218
-20,0	-0,485	0,10326		-0,061	0,756	0,009	0,985	0,068	-4,692	0,439	0,124
-16,0	-0,219	0,07640		-0,104	0,601	0,008	0,984	0,128	-2,860	1,100	-0,227
-12,0	-0,311	0,02200		-0,208	0,522	0,008	0,982	0,981	-14,158	0,606	-0,418
-8,0	0,175	0,01898		-0,244	0,367	0,010	0,981	0,991	9,211	0,320	1,647
-4,0	0,727	0,02165		-0,281	0,288	0,027	0,979	0,991	33,571	0,318	0,636
-0,0	1,270	0,02355		-0,319	0,192	0,220	0,977	0,992	53,947	0,327	0,501
4,0	1,731	0,02962		-0,358	0,094	0,368	0,975	0,992	58,425	0,333	0,457
8,0	2,225	0,03798		-0,398	0,055	0,483	0,968	0,992	58,580	0,334	0,429
12,0	2,676	0,05067		-0,438	0,008	0,600	0,961	0,992	52,808	0,351	0,414
16,0	3,011	0,06612		-0,478	0,002	0,737	0,948	0,992	45,533	0,433	0,409
20,0	3,137	0,08874		-0,522	0,001	0,939	0,909	0,992	35,351	-1,400	0,416
24,0	2,944	0,12669		-0,587	0,000	0,975	0,781	0,991	23,236	0,003	0,450
28,0	2,544	0,18936		-0,669	-0,000	0,977	0,545	0,991	13,434	0,078	0,513
32,0	2,135	0,27359		-0,726	-0,000	0,980	0,343	0,991	7,804	0,125	0,590
36,0	1,790	0,36427		-0,763	0,000	0,984	0,231	0,991	4,915	0,151	0,676
40,0	1,495	0,47047		-0,790	0,000	0,989	0,170	0,990	3,179	0,159	0,778

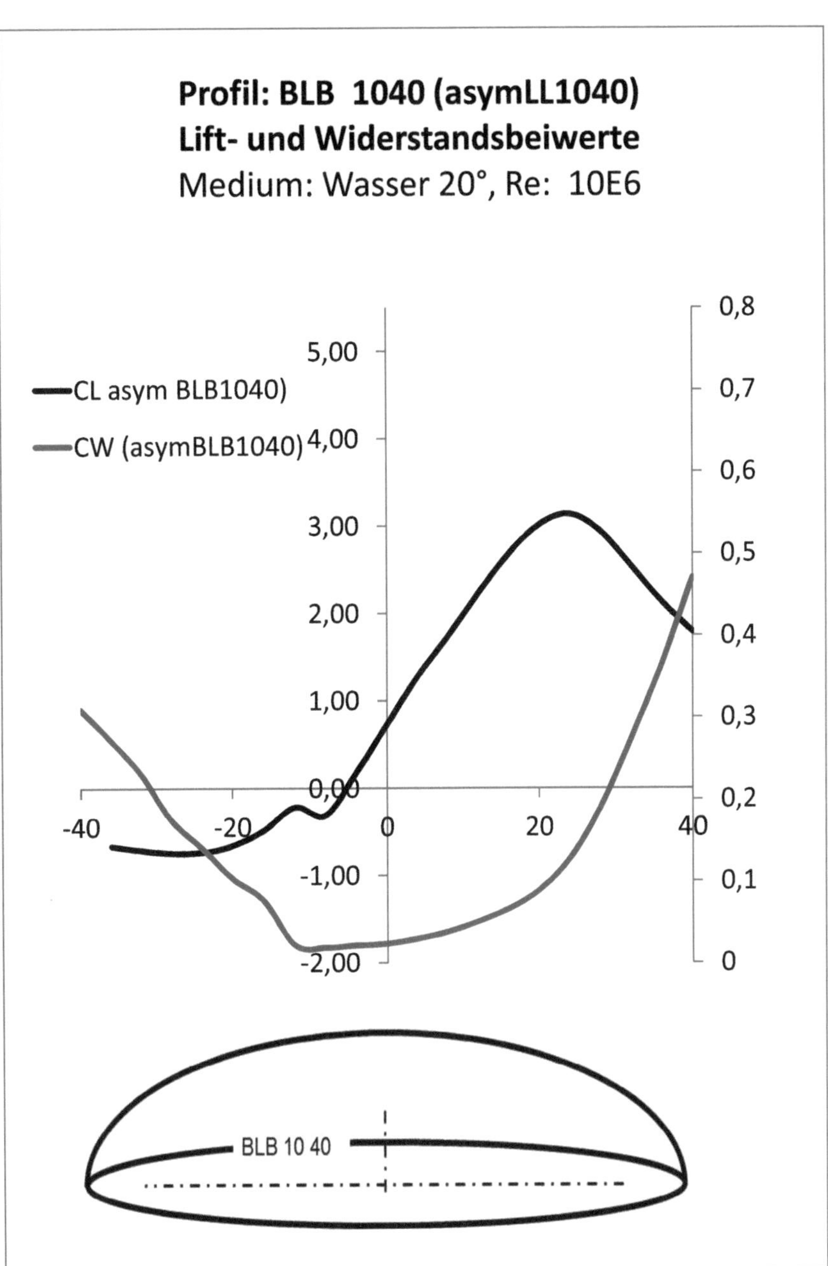

Profil: BLB 1040 (asymLL1040)
Lift- und Widerstandsbeiwerte
Medium: Wasser 20°, Re: 10E6
CL asym BLB1040)
CW (asymBLB1040)
5,00
4,00
3,00
2,00
1,00
0,00
-1,00
-2,00
-40
-20
0
20
40
0,8
0,7
0,6
0,5
0,4
0,3
0,2
0,1
0
BLB 10 40

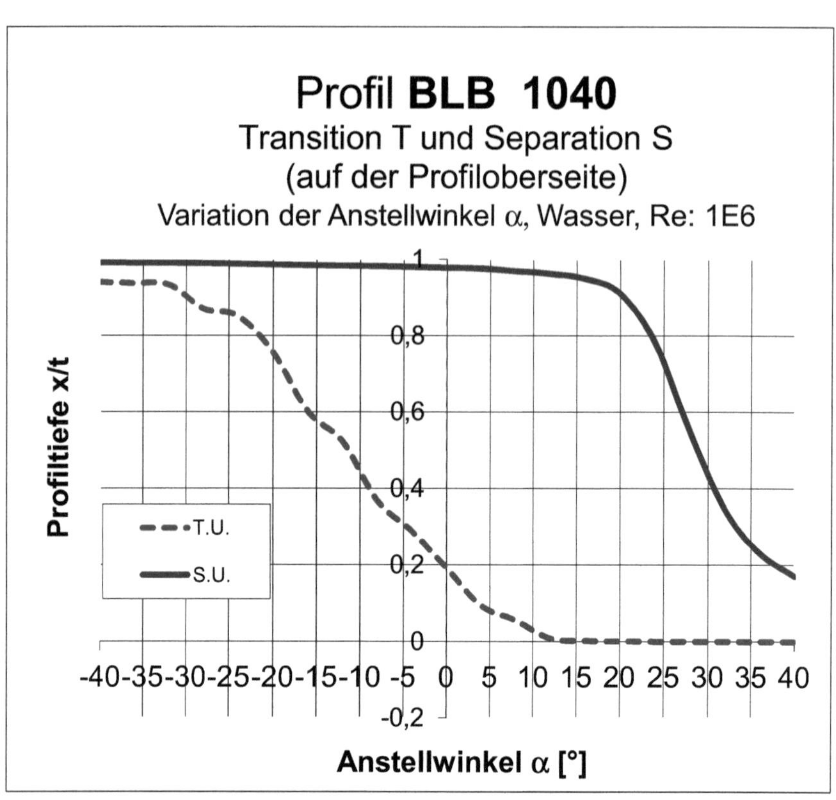

Profil BLB 1040
Transition T und Separation S
(auf der Profiloberseite)
Variation der Anstellwinkel α, Wasser, Re: 1E6
Profiltiefe x/t
1
0,8
0,6
0,4
0,2
0
-0,2
T.U.
S.U.
-40 -35 -30 -25 -20 -15 -10 -5 0 5 10 15 20 25 30 35 40
Anstellwinkel α [°]

Profilkontur BLB 0540, Medium Wasser bei 20[°C], Re: 10E6

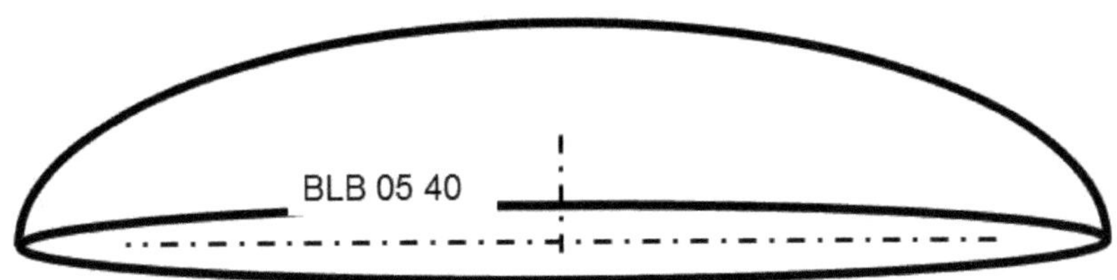

α	Ca	Cw	Cm 0.25		T.U.	T.L.	S.U.	S.L.	GZ	N.P.	D.P.
[°]	[-]	[-]	[-]	[-]	[-]	[-]	[-]	[-]	[-]	[-]	
-40,0	-0,499	0,30774		0,027	0,939	0,007	0,990	0,039	-1,622	-0,263	0,304
-36,0	-0,537	0,26113		0,008	0,935	0,007	0,990	0,038	-2,055	-0,495	0,264
-32,0	-0,558	0,22825		-0,017	0,895	0,007	0,989	0,035	-2,446	-6,735	0,219
-28,0	-0,545	0,17673		-0,048	0,872	0,009	0,989	0,032	-3,081	0,958	0,163
-24,0	-0,466	0,14739		-0,083	0,864	0,007	0,988	0,031	-3,164	0,548	0,073
-20,0	-0,295	0,11001		-0,122	0,753	0,007	0,987	0,034	-2,683	0,434	-0,163
-16,0	-0,019	0,08071		-0,165	0,474	0,009	0,986	0,042	-0,239	1,015	-8,310
-12,0	-0,179	0,06022		-0,210	0,461	0,008	0,984	0,077	-2,975	0,582	-0,925
-8,0	0,378	0,02121		-0,297	0,360	0,009	0,982	0,990	17,838	0,359	1,034
-4,0	0,927	0,02142		-0,331	0,244	0,019	0,981	0,992	43,269	0,315	0,607
-0,0	1,461	0,02474		-0,367	0,173	0,234	0,979	0,992	59,057	0,323	0,501
4,0	1,915	0,03111		-0,404	0,089	0,357	0,976	0,992	61,553	0,329	0,461
8,0	2,401	0,03924		-0,441	0,053	0,380	0,972	0,992	61,190	0,331	0,434
12,0	2,830	0,05267		-0,478	0,005	0,571	0,964	0,992	53,740	0,353	0,419
16,0	3,124	0,06887		-0,515	0,002	0,929	0,952	0,991	45,365	0,483	0,415
20,0	3,176	0,09482		-0,558	0,000	0,965	0,909	0,992	33,490	-0,229	0,426
24,0	2,898	0,13349		-0,623	0,000	0,990	0,774	0,990	21,712	0,064	0,465
28,0	2,365	0,21081		-0,709	-0,000	0,990	0,478	0,990	11,219	0,108	0,550
32,0	1,940	0,30691		-0,759	0,000	0,990	0,286	0,990	6,322	0,142	0,641
36,0	1,598	0,39984		-0,792	0,000	0,990	0,204	0,990	3,996	0,157	0,746
40,0	1,310	0,48317		-0,818	0,000	0,989	0,159	0,989	2,712	0,160	0,874

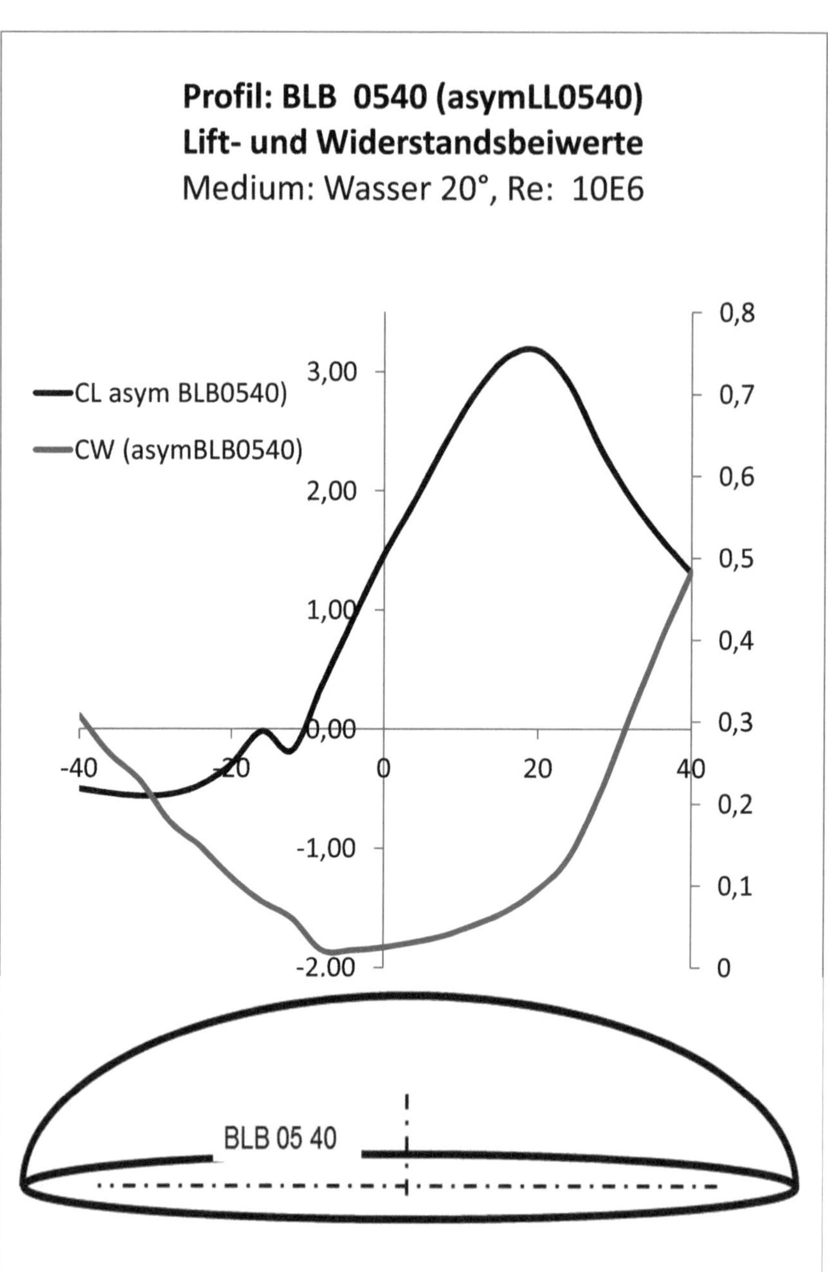

Profil: BLB 0540 (asymLL0540)
Lift- und Widerstandsbeiwerte
Medium: Wasser 20°, Re: 10E6
CL asym BLB0540)
CW (asymBLB0540)
0,8
0,7
0,6
0,5
0,4
0,3
0,2
0,1
0
3,00
2,00
1,00
0,00
-1,00
-2,00
-40
-20
0
20
40
BLB 05 40

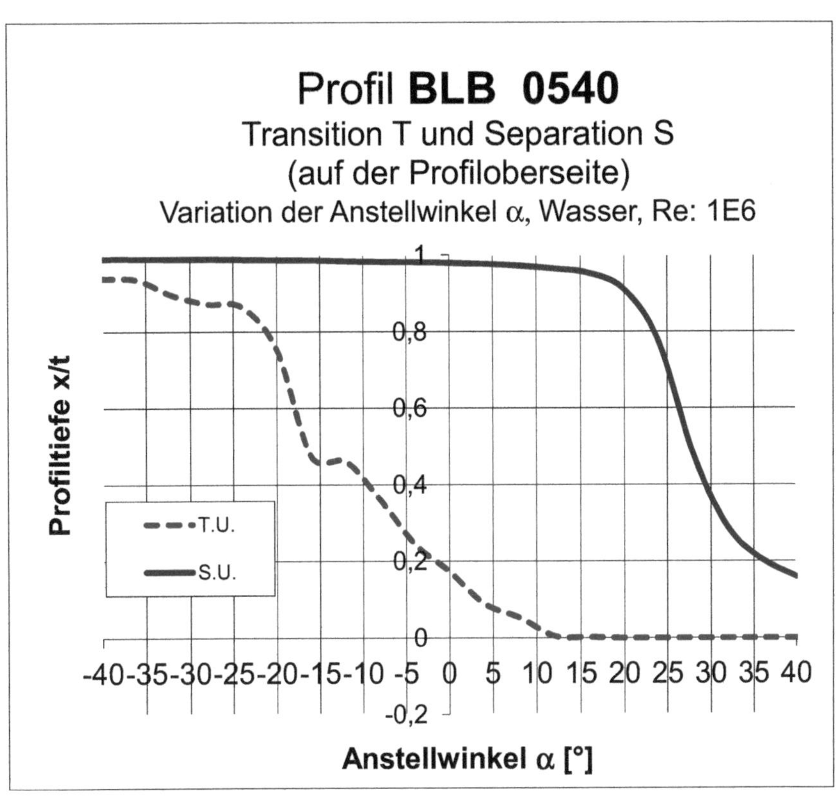

Profil BLB 0540
Transition T und Separation S
(auf der Profiloberseite)
Variation der Anstellwinkel α, Wasser, Re: 1E6
Profiltiefe x/t
T.U.
S.U.
1
0,8
0,6
0,4
0,2
0
-0,2
-40 -35 -30 -25 -20 -15 -10 -5 0 5 10 15 20 25 30 35 40
Anstellwinkel α [°]

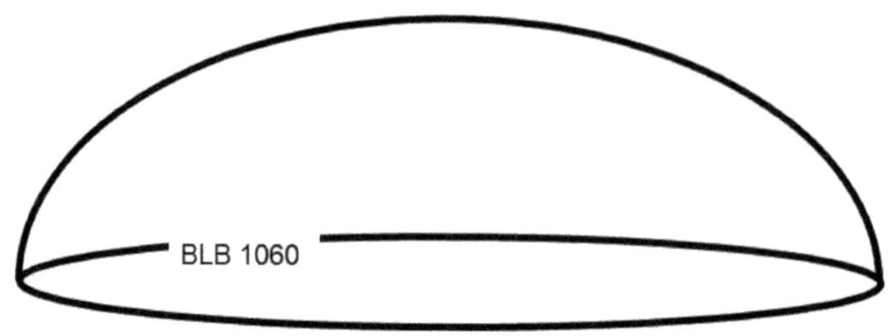

α	Ca	Cw	Cm 0.25		T.U.	T.L.	S.U.	S.L.	GZ	N.P.	D.P.
[°]	[-]	[-]	[-]	[-]	[-]	[-]	[-]	[-]	[-]	[-]	
-40,0	-0,638	0,30053		-0,034	0,890	0,006	0,986	0,037	-2,124	3,081	0,197
-36,0	-0,633	0,24733		-0,049	0,859	0,006	0,985	0,039	-2,559	0,962	0,172
-32,0	-0,583	0,20694		-0,074	0,838	0,006	0,983	0,044	-2,815	0,586	0,123
-28,0	-0,461	0,16024		-0,107	0,806	0,006	0,981	0,051	-2,874	0,472	0,017
-24,0	-0,240	0,12695		-0,150	0,731	0,006	0,978	0,055	-1,894	-0,012	-0,373
-20,0	-0,814	0,10022		-0,200	0,671	0,007	0,975	0,072	-8,124	1,715	0,005
-16,0	-0,169	0,07437		-0,255	0,536	0,008	0,973	0,161	-2,266	0,388	-1,264
-12,0	0,433	0,02826		-0,372	0,428	0,010	0,970	0,954	15,339	0,396	1,107
-8,0	1,028	0,02856		-0,430	0,389	0,018	0,967	0,989	35,985	0,348	0,668
-4,0	1,606	0,03254		-0,487	0,284	0,025	0,962	0,991	49,362	0,353	0,553
-0,0	2,171	0,03921		-0,547	0,221	0,227	0,957	0,992	55,373	0,377	0,502
4,0	2,581	0,05035		-0,611	0,138	0,389	0,953	0,991	51,271	0,393	0,487
8,0	3,078	0,05980		-0,677	0,127	0,570	0,945	0,993	51,475	0,390	0,470
12,0	3,526	0,07508		-0,743	0,064	0,723	0,932	0,993	46,960	0,408	0,461
16,0	3,920	0,10120		-0,810	0,001	0,867	0,915	0,993	38,731	0,461	0,457
20,0	4,156	0,13118		-0,876	0,001	0,928	0,891	0,993	31,679	1,002	0,461
24,0	4,098	0,16310		-0,944	0,002	0,939	0,856	0,994	25,123	-0,128	0,480
28,0	3,796	0,20260		-1,012	0,002	0,955	0,803	0,994	18,736	0,070	0,517
32,0	3,313	0,25730		-1,085	0,003	0,969	0,721	0,994	12,875	0,111	0,577
36,0	2,789	0,31881		-1,152	0,002	0,990	0,633	0,991	8,750	0,124	0,663
40,0	2,292	21,51702		-1,213	0,003	0,546	0,533	0,546	0,107	0,127	0,779

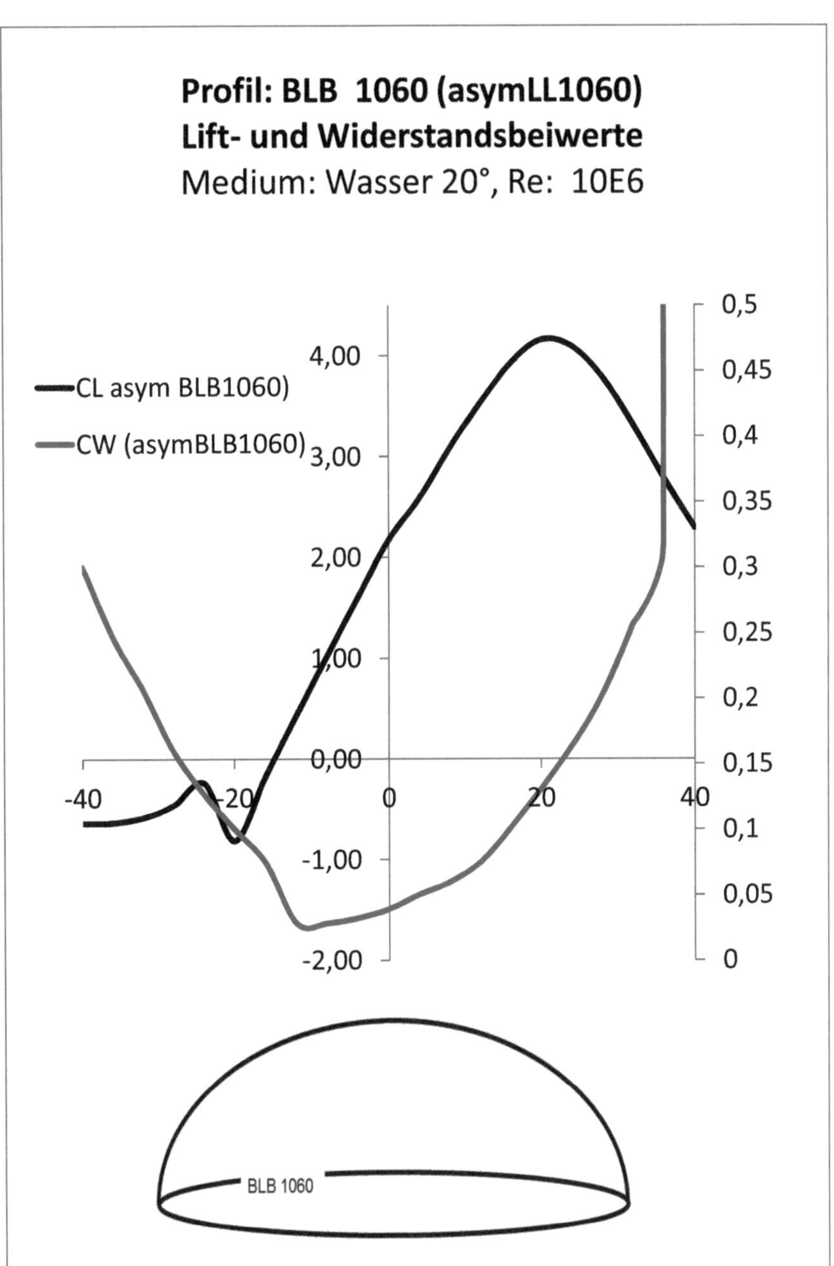

Profil: BLB 1060 (asymLL1060)
Lift- und Widerstandsbeiwerte
Medium: Wasser 20°, Re: 10E6
CL asym BLB1060)
CW (asymBLB1060)
4,00
3,00
2,00
1,00
0,00
-1,00
-2,00
-40
-20
0
20
40
0,5
0,45
0,4
0,35
0,3
0,25
0,2
0,15
0,1
0,05
0
BLB 1060

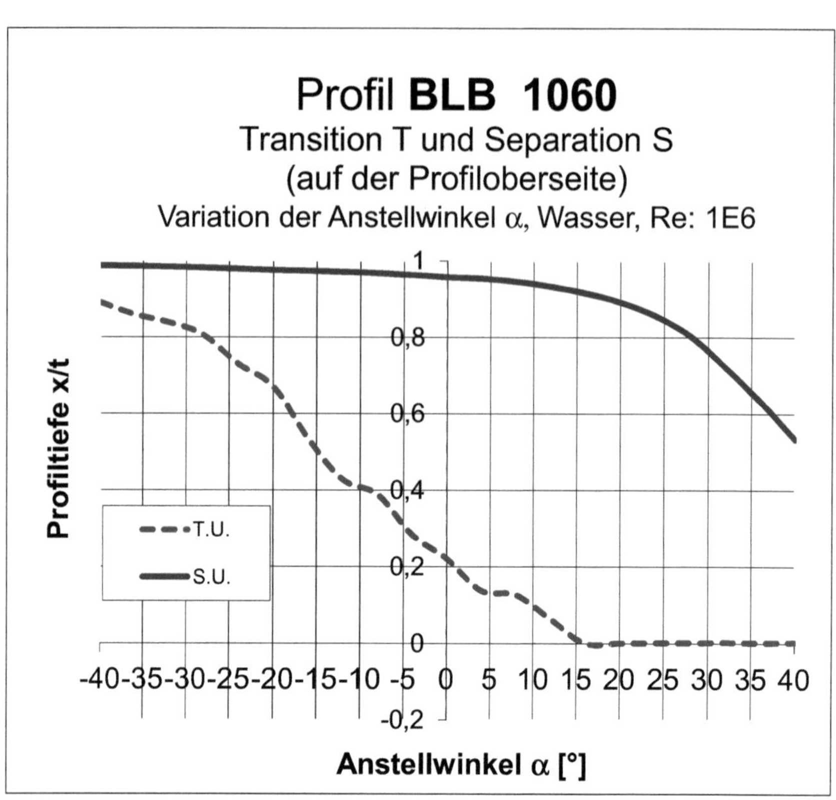

Profil BLB 1060
Transition T und Separation S
(auf der Profiloberseite)
Variation der Anstellwinkel α, Wasser, Re: 1E6
Profiltiefe x/t
T.U.
S.U.
1
0,8
0,6
0,4
0,2
0
-0,2
-40-35-30-25-20-15-10 -5 0 5 10 15 20 25 30 35 40
Anstellwinkel α [°]

Profilkontur BLB 1070, Medium Wasser bei 20[°C], Re: 10E6

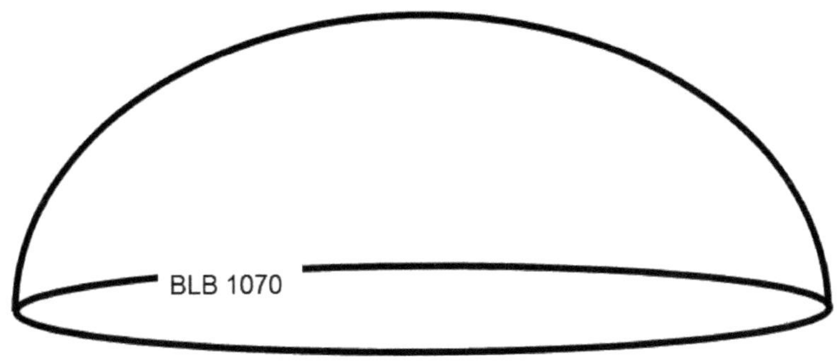

α	Ca	Cw	Cm 0.25		T.U.	T.L.	S.U.	S.L.	GZ	N.P.	D.P.
[°]	[-]	[-]	[-]	[-]	[-]	[-]	[-]	[-]	[-]	[-]	
-40,0	-0,661	0,29339		-0,067	0,859	0,005	0,982	0,036	-2,252	0,545	0,148
-36,0	-0,621	0,25166		-0,079	0,819	0,005	0,980	0,039	-2,469	0,503	0,123
-32,0	-0,522	0,20481		-0,102	0,779	0,006	0,978	0,044	-2,551	0,456	0,054
-28,0	-0,338	0,16346		-0,137	0,747	0,006	0,976	0,047	-2,065	0,422	-0,157
-24,0	-0,052	0,12768		-0,183	0,707	0,006	0,972	0,056	-0,404	-0,334	-3,301
-20,0	-0,513	0,10144		-0,240	0,642	0,007	0,969	0,067	-5,053	0,747	-0,218
-16,0	0,189	0,07614		-0,303	0,527	0,009	0,964	0,169	2,484	0,399	1,851
-12,0	0,768	0,02957		-0,430	0,515	0,015	0,961	0,957	25,986	0,416	0,810
-8,0	1,381	0,03437		-0,500	0,380	0,018	0,956	0,989	40,192	0,367	0,612
-4,0	1,973	0,04019		-0,571	0,324	0,023	0,950	0,991	49,097	0,375	0,539
-0,0	2,549	0,04893		-0,646	0,227	0,278	0,942	0,992	52,096	0,415	0,504
4,0	2,917	0,06017		-0,727	0,187	0,463	0,935	0,991	48,481	0,440	0,499
8,0	3,412	0,07485		-0,810	0,130	0,569	0,925	0,992	45,589	0,426	0,487
12,0	3,871	0,09320		-0,895	0,089	0,725	0,913	0,993	41,527	0,449	0,481
16,0	4,265	0,12481		-0,980	0,001	0,865	0,893	0,993	34,173	0,504	0,480
20,0	4,534	0,15523		-1,063	0,002	0,931	0,872	0,994	29,207	0,957	0,485
24,0	4,499	0,18715		-1,145	0,002	0,939	0,846	0,993	24,041	-0,284	0,505
28,0	4,232	0,22464		-1,225	0,002	0,958	0,812	0,994	18,839	0,031	0,539
32,0	3,787	0,26599		-1,302	0,002	0,989	0,767	0,991	14,238	0,097	0,594
36,0	3,265	0,31835		-1,373	0,002	0,990	0,716	0,992	10,256	0,118	0,671
40,0	2,740	0,42424		-1,440	0,002	0,545	0,652	0,547	6,459	0,123	0,775

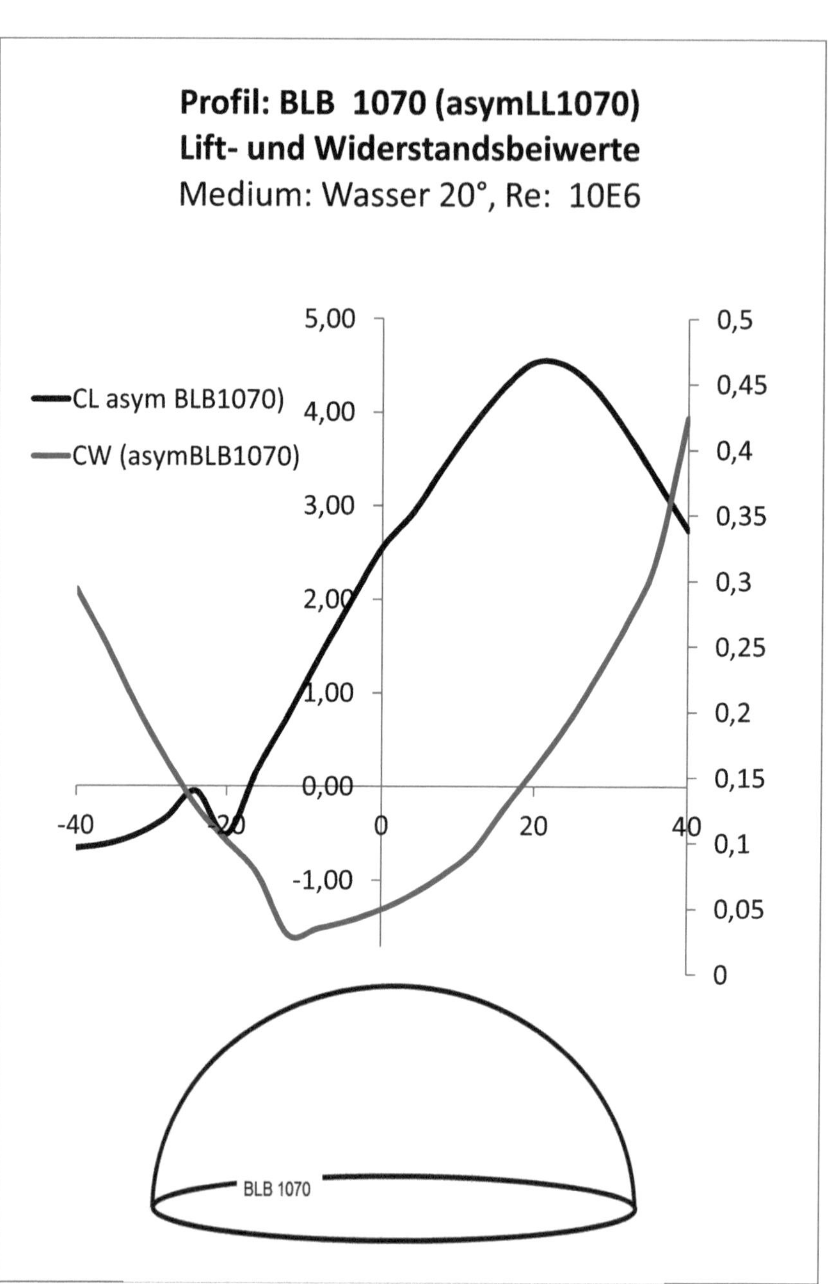

Profil: BLB 1070 (asymLL1070)
Lift- und Widerstandsbeiwerte
Medium: Wasser 20°, Re: 10E6
CL asym BLB1070)
CW (asymBLB1070)
5,00
4,00
3,00
2,00
1,00
0,00
-1,00
-40
-20
0
20
40
0,5
0,45
0,4
0,35
0,3
0,25
0,2
0,15
0,1
0,05
0
BLB 1070

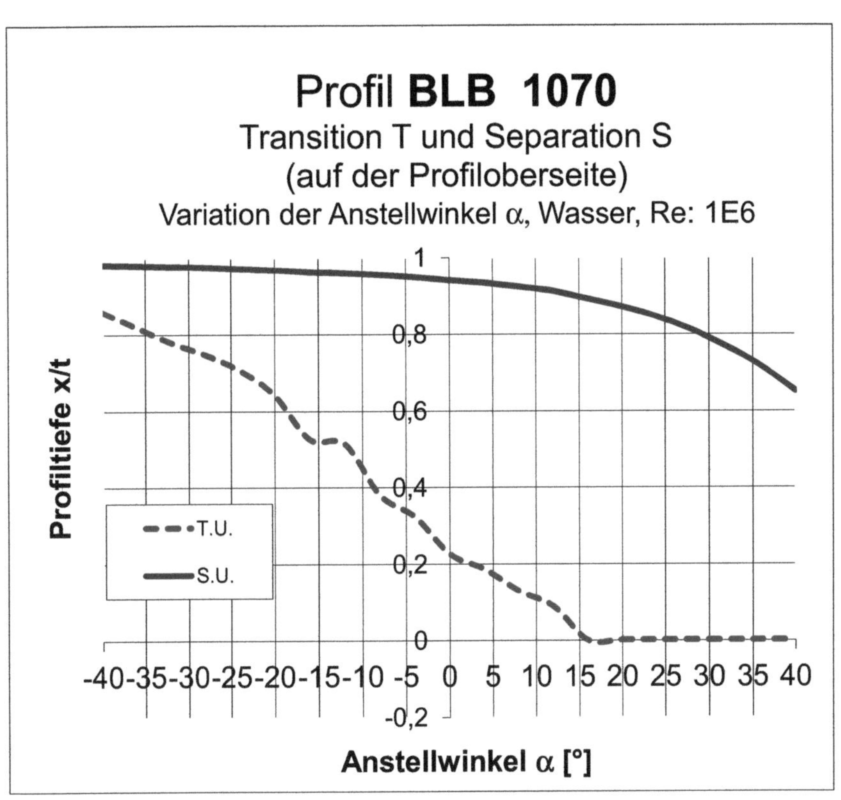

Profil BLB 1070
Transition T und Separation S
(auf der Profiloberseite)
Variation der Anstellwinkel α, Wasser, Re: 1E6
Profiltiefe x/t
1
0,8
0,6
0,4
0,2
0
-0,2
T.U.
S.U.
-40 -35 -30 -25 -20 -15 -10 -5 0 5 10 15 20 25 30 35 40
Anstellwinkel α [°]

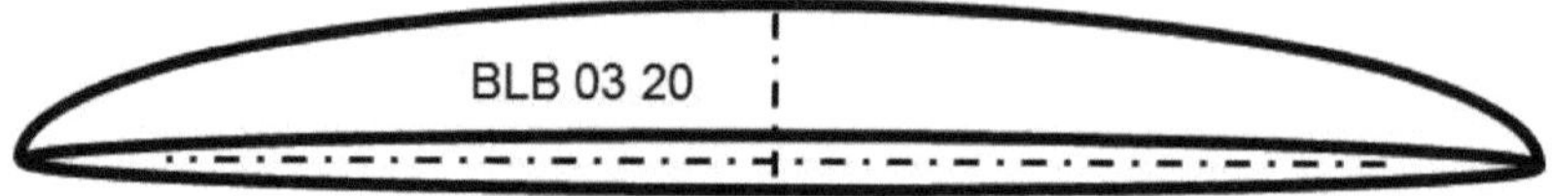

α	Ca	Cw	Cm 0.25		T.U.	T.L.	S.U.	S.L.	GZ	N.P.	D.P.
[°]	[-]	[-]	[-]	[-]	[-]	[-]	[-]	[-]	[-]	[-]	
-40,0	-0,223	0,36427		0,077	0,982	0,001	0,993	0,036	-0,613	-0,209	0,595
-36,0	-0,266	0,30087		0,057	0,980	0,002	0,993	0,033	-0,885	-0,198	0,465
-32,0	-0,318	0,33564		0,035	0,976	0,002	0,994	0,028	-0,948	-0,186	0,359
-28,0	-0,376	0,24060		0,010	0,972	0,004	0,994	0,026	-1,562	-0,246	0,276
-24,0	-0,424	0,19017		-0,018	0,966	0,003	0,994	0,022	-2,229	-0,825	0,208
-20,0	-0,428	0,13138		-0,047	0,965	0,004	0,993	0,023	-3,261	0,925	0,140
-16,0	-0,335	0,09094		-0,078	0,532	0,005	0,994	0,025	-3,682	0,450	0,017
-12,0	-0,111	0,06090		-0,110	0,521	0,005	0,994	0,027	-1,824	0,605	-0,744
-8,0	-0,153	0,03841		-0,143	0,380	0,010	0,994	0,076	-3,978	0,433	-0,684
-4,0	0,357	0,01555		-0,196	0,239	0,015	0,993	0,993	22,953	0,320	0,798
-0,0	0,852	0,01784		-0,213	0,100	0,162	0,993	0,994	47,756	0,285	0,500
4,0	1,317	0,01817		-0,230	0,040	0,251	0,993	0,994	72,480	0,287	0,424
8,0	1,744	0,02710		-0,246	0,004	0,345	0,992	0,994	64,366	0,299	0,391
12,0	1,989	0,03620		-0,262	0,002	0,616	0,988	0,993	54,948	-0,096	0,382
16,0	1,439	0,10438		-0,352	0,001	0,628	0,191	0,993	13,785	0,106	0,494
20,0	1,181	0,15523		-0,379	0,001	0,738	0,076	0,993	7,611	0,153	0,570
24,0	0,899	0,23451		-0,404	0,001	0,987	0,041	0,988	3,833	0,152	0,700
28,0	0,664	0,32806		-0,429	0,000	0,987	0,033	0,988	2,023	0,131	0,897
32,0	0,491	0,37985		-0,453	0,001	0,987	0,041	0,988	1,293	0,098	1,172
36,0	0,370	0,44581		-0,474	0,001	0,986	0,045	0,988	0,830	0,065	1,530
40,0	0,286	0,55209		-0,491	0,001	0,987	0,045	0,988	0,517	0,046	1,969

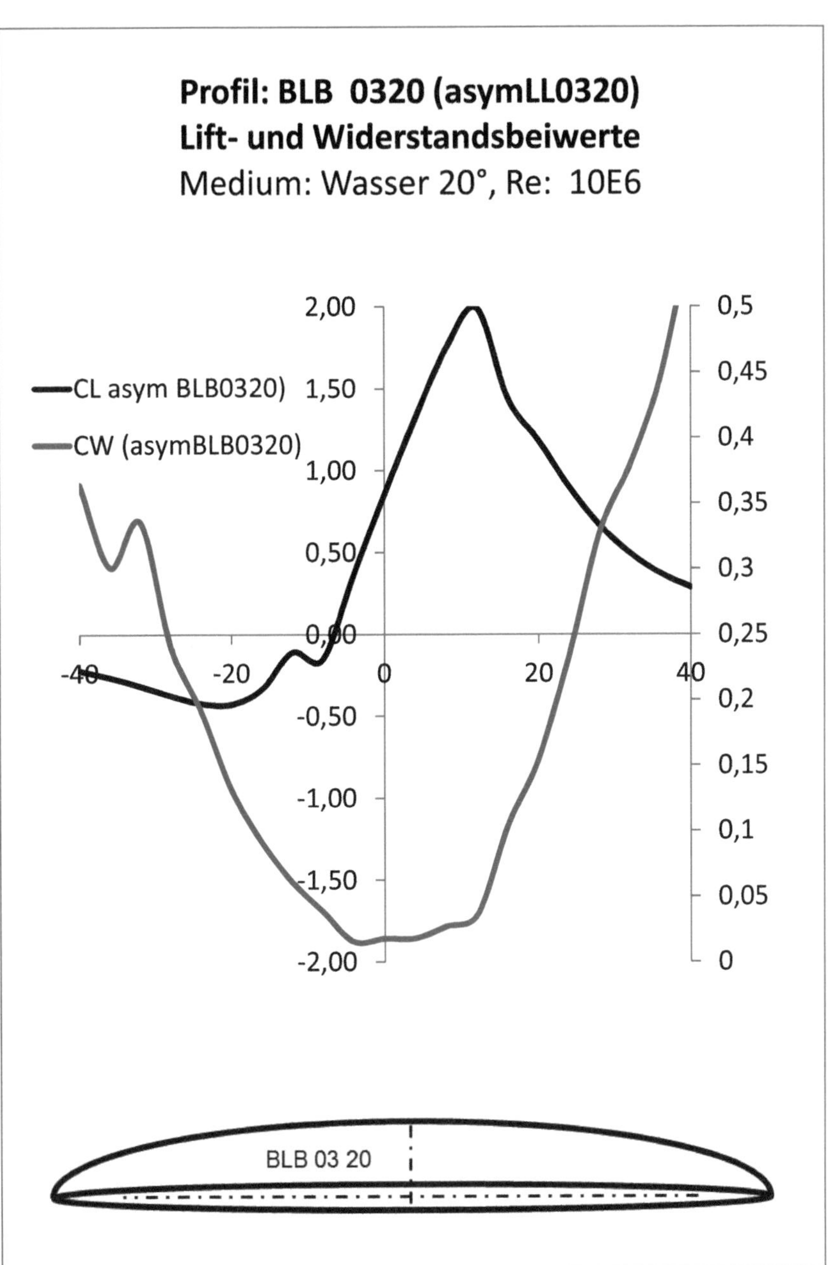

Profil: BLB 0320 (asymLL0320)
Lift- und Widerstandsbeiwerte
Medium: Wasser 20°, Re: 10E6
CL asym BLB0320)
CW (asymBLB0320)
2,00
1,50
1,00
0,50
0,00
-0,50
-1,00
-1,50
-2,00
-40
-20
0
20
40
0,5
0,45
0,4
0,35
0,3
0,25
0,2
0,15
0,1
0,05
0
BLB 03 20

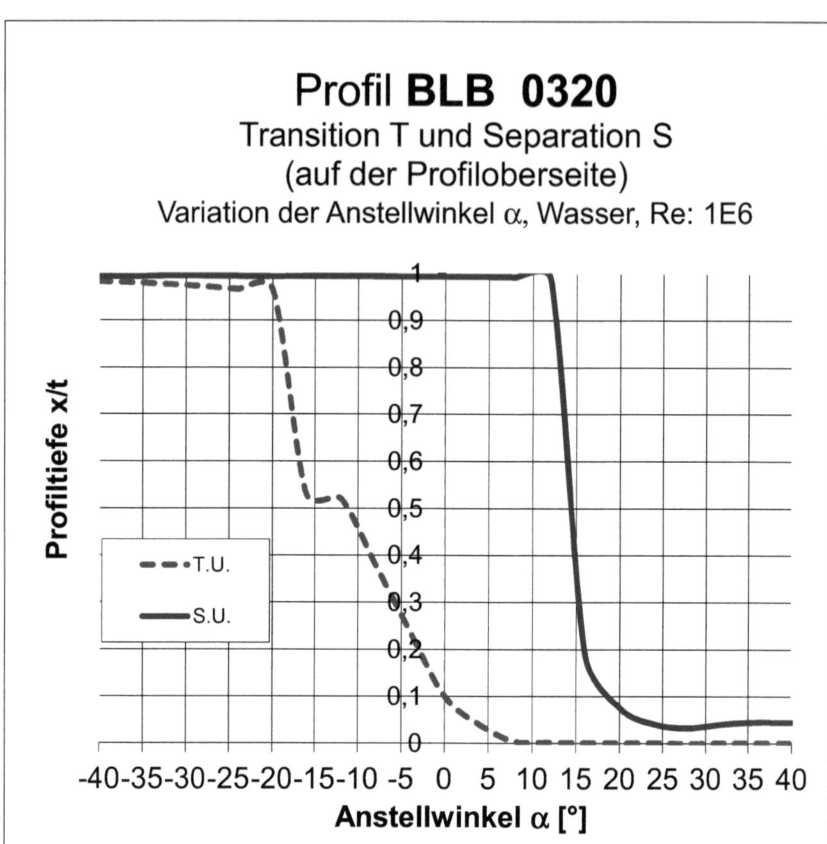
Profil BLB 0320
Transition T und Separation S
(auf der Profiloberseite)
Variation der Anstellwinkel α, Wasser, Re: 1E6
Profiltiefe x/t
1
0,9
0,8
0,7
0,6
0,5
0,4
0,3
0,2
0,1
0
-40 -35 -30 -25 -20 -15 -10 -5 0 5 10 15 20 25 30 35 40
Anstellwinkel α [°]
T.U.
S.U.